화장품 골라주는 남자

정인·이병철 지음

이담 Books

■들어가는 말

    화장품이란 무엇일까요? 어떤 사람에게는(연구원) 기름과 물이 섞인 반고체 상태의 화학물질일 수도 있고, 어떤 사람에게는(기업가) 황금알을 낳아주는 오리일 수도 있으며, 어떤 사람에게는(소비자) 자신의 고민을 해결해 줄 마법의 묘약일 수도 있습니다.

    이처럼 같은 대상이라도 그것을 바라보는 사람에 따라 화장품의 정의는 달라집니다. 하지만 화장품의 본질적인 정의는 최종 사용자인 소비자 입장에서 내려질 때에야 비로소 의미를 가질 수 있습니다. 아직도 많은 사람들이 화장품 회사에서 주장하는 일방적인 광고나 인터넷에서 떠도는 무분별한 소문에 의지하여 화장품을 구매합니다. 그러나 화장품이 만들어지는 메커니즘, 관련법의 규제, 판매하는 브랜드의 마케팅 방법을 조금만 들여다본다면, 이것이 얼마나 유치한 말장난인지 금세 알 수 있게 됩니다.

    한 사물에 대해 비판적인 시각을 갖는 것은 매우 중요하며, 특히 감성을 자극시켜 우리의 지갑을 열게 만드는 화장품 쇼핑에 있어서 '의심하기'란 반드시 필요한 작업입니다. 화장품 회사와 제품들이 약속하는 효과와 광고, 주장들을 여과 없이 모두 믿어 버린다면, 과연 어떤 일이 벌어질까요?

    지갑이 얇아지는 것은 둘째 치더라도 피부 장벽이 무너지고, 재생 능력이 저하되는 것을 막지 못할 수도 있으며, 무분별한 화장품 사용은 피부의 치유 체계에 간섭하기도 합니다. 시중에서 판매되는 많은 화장품 중에는 제값을 하지 못하는 제품들이 실제로 존재하며, 오히려 피부를 망가뜨리는 조악한 성분 구성의 제품들이 '3초마다 1개씩'이라는 광고 문구 아래 인기를 끌고 있는 것이 현실입니다.

우리는 이 책에서 굉장히 많은 화장품과 올바른 피부 관리 방법, 질 좋은 메이크업 제품, 자신만의 아름다움을 표현할 수 있는 팁들을 추천했습니다. 이 책에서 추천하고 있는 모든 제품들의 선정 기준은 '성분표'와 직접 사용해 본 '사용감'에 근거합니다. 당신은 성분을 통해 객관적인 사실과, 사용감을 통한 주관적인 느낌을 모두 접할 수 있습니다. 우리는 일부러 주관성을 배제하지 않았는데요, 우리 역시 한 명의 소비자일 뿐 전문가가 아니기 때문입니다.

이 책은 화장품을 추천하는 데만 그치지 않고 당신 스스로가 더 나은 화장품을 고르는 것에 초점을 맞추고자 노력했습니다. 화장품의 모든 것을 말해 주는 '성분표'를 이해하고 과대광고와 그릇된 주장들로부터 분별력을 갖게 하는 것이 목표입니다.

끝으로 책을 출판할 수 있게 해 주신 출판사 관계자 및 도움을 주신 많은 분들께 감사드리며, 모든 영광을 하나님께 돌려 드립니다.

정인·이병철 드림

CONTENS

Chapter 1. 스킨케어

당신의 **피부에 닿기 전에** 알아두자

Chapter 2. 메이크업

당신의 **매력 포인트**를 **그루밍**하자

화장품
골라주는
남자

Chapter 1. 스킨케어

당신의 피부에 닿기 전에 알아두자

똑똑한 소비자!

1. 공부하는 당신이 아름답다

　　유감스럽게도 이 책은 당신을 공부하게 만드는 데 목적이 있다. 단지 일방적인 정보 전달에서 그치지 않고, 무엇이 내 피부를 위한 더 나은 방법인지, 내가 사용하는 화장품이 진정 내 피부를 위한 제품이 맞는지, 어떻게 하면 제대로 된 화장품을 쇼핑할 수 있는지에 대한 문제를 다루고 있다. 이 문제를 고민하고 더 나은 정답을 찾아 자신의 상황에 맞게 적용하는 것은 오로지 독자 본인의 몫이다.

　　그렇다면 지금부터 제대로 된 화장품 공부를 시작해 보자. 우선, 당신은 어떤 입장에서 화장품을 공부하고 싶은가? 화장품 제조에 관심이 있어서 화학적인 관점에서 공부를 한다는 것인지, 미용 산업에 관심이 있어서 실무나 마케팅적 관점에서 공부하겠다는 것인지, 아니면 단순하지만 무척 중요한 화장품 쇼핑을 제대로 하고자 공부한다는 것인지 구분할 필요가 있다. 나 같은 경우는 욕심 많게도 전부 다였다. 그래서 이 책도 세 가지 관점을 모두 다루고 있다.

우연치 않게 내가 재학했던 대학교의 화학 전공 수업 중에는 화장품 제조 실습이라는 강의가 있었고, 덕분에 대학 도서관에는 여러 화장품 관련 서적이 즐비해 있었다. 보고 싶은데 없는 책은 대학 도서관 홈페이지에 신청만 하면 사다가 비치까지 해 주었으니 원서부터 시작해서 다양한 화장품 관련 서적을 돈 들이지 않고 자유롭게 읽을 수 있었다. 그때 대학 도서관에서 몇 날 며칠이고 3~4시간씩 책을 읽으며 공부하다 모르면 일면식도 없는 교수님을 찾아가 질문했던 경험이 지금 화장품 지식의 기반이 되었다.

이런 과정을 통해 정리되고 마련된 객관적인 기준을 이 책에 적어 놓았으니 당신은 내가 했던 번거로운 과정을 되풀이할 필요 없이 이 책 하나만으로도 충분히 '화장품 공부'를 할 수 있을 것이다.

당신이 어느 장소에서 화장품을 구매하는지 알 수는 없지만 그곳이 백화점이거나, 동네 화장품 가게 혹은 친히 집까지 방문해서 화장품을 판매하는 방판(방문판매) 아주머니와 같이 1:1로 사람을 만나 쇼핑을 하는 것이라면 그들보다 화장품 지식이 더 많다고 해서 손해 볼 것은 단 한 개도 없다.

나 역시 백화점과 면세점에서 이른바 명품 화장품에 속한다는 브랜드에서 일해 본 경험이 있지만 판매 사원들은 피부나 화장품에 대한 지식보다 판매 스킬에 더욱 노련한 기술을 지니고 있다. 물론 투철한 서비스 정신으로 판매보다 고객의 피부를 먼저 생각하는 정직한 직원도 있으리라 믿는다. 더불어 그들의 화장품에 대한 열정에도 박수를 보내고 싶지만 이런 마음만 먹고 판매를 하다 보면 그 직원은 회사로부터 실적이 부진하다는 경고를 받게 될 것이 분명하다.

　판매 사원들은 회사에서 지정한 특정 주력 상품을 팔면 인센티브를 받을 수 있어 고객이 알아야 할 객관적인 정보 전달보다 해당 제품을 써야만 하는 구구절절한 이유를 납득시키는 것을 우선으로 여길 수도 있다. 자본주의 사회에서 이것은 뻔한 사실이고, 자연스러운 현실이다.

　그러니 '화장품 공부'를 하지 않고, '화장품 쇼핑'을 한다는 것은 그들에게 내 피부와 지갑을 고스란히 맡기는 것과 다름없다. 돈이 너무 많아 이것저것 따질 필요 없이 직원의 어드바이스로만 화장품을 구매하는 사람이라면 이 책을 덮어도 할 말이 없다. 하지만 어떤 방법과 어떤 제품이 자신의 피부를 위한 일인지 진지하게 고민하는 사람이라면 오늘 잘 만났다!

2. 화장품 스트레스

　사춘기 시절에도 나지 않던 여드름이 대학교에 갓 입학해 새내기가 되어서야 온 얼굴을 덮었다. 마치 화산 폭발이 임박한 것처럼 피부는 울퉁불퉁해졌고, 남자 치고 피부는 하얀 편이라 빨간 여드름이 어찌나 도드라져 보이던지 아침에 일어나서 거울을 볼 때마다 바닥이 꺼져라 한숨만 나왔다.

　여드름은 대체 왜 나는 것일까? 왜 하필이면 그게 나일까? 내가 뭘 잘못했다고? 잠이 부족했나? 인스턴트 음식 때문인가? 제대로 안 씻어서? 이런 질문은 결국 자기 자신에 대한 원망으로 이어지고 스트레스만 불러 왔다.

　여드름이 생기고 나서 가장 먼저 시작한 일은 여드름에 좋다는 화장품을 무조건 사다가 바르는 일이었다. 당시 3,300원짜리 초저가 화장품이 한창 유행할 때여서 자연스럽게 미샤의 논 코메도제닉 라인(지금은 단종되었음)을 사용했는데 티트리 오일이 함유된 이 제품은 진한 네이비 색의 투박한 플라스틱 패키지로 고무 타이어 비슷한 냄새가 났지만 여드름만 없애 준다면야 그런 외관 따위 개의치 않았고, 얼마나 열심히 발랐던지 주위 친구들로부터 꼬질꼬질한 냄새가 난다고 구박까지 받았다.

3개월쯤 지났을까. 효과가 나기는커녕 여드름은 날로 더 심해져 갔고, 지인으로부터 이니스프리의 수분 크림을 바르고 여드름이 다 들어갔다는 말을 듣자마자 코르크 마개가 예쁘게 장식된 향긋한 허브 냄새의 '이니스프리 스마트 아쿠아 젤'을 사다가 바르기 시작했다. 역시나 결과는 마찬가지, 여드름만 더 심해질 뿐 나아질 기미는 전혀 보이지 않았다.

그러다가 문득 떠오른 생각이 '내가 사용한 제품들의 가격이 너무 저렴해서 효과가 없었던 것은 아닐까'였는데 그 생각을 계기로 자연스레 백화점 1층 화장품 코너로 눈을 돌리게 되었다. '크리니크'부터 시작해서 무조건 비싸면 효과도 좋을 것이라는 막연한 논리로 어머니도 쓰지 않던 '시슬리'나 '라 프레리'까지 사다 나르기 바빴다.

제품 1개당 가격이 20만~30만 원을 호가해도 가격은 그리 중요치 않았다. 그런데 웬걸? 아무리 시간이 지나도 명품 화장품이라 불리는 제품들마저 여드름을 해결해 주지 못했고, '화학 성분이 독해서'라는 생각에 천연, 유기농 화장품을 써야 한다는 이상한 논리가 또다시 만들어졌다.

호주나 유럽에서 각광받던 천연, 유기농 화장품은 미샤의 티트리 제품보다 더 대박이었다. 마누카 오일이 함유되어 있다는 제품들의 냄새는 하나같이 장난이 아니었고, 1~2주 정도 발라 보면 적응될까 싶었지만 바를 때마다 새롭게 느껴지는 역겨운 냄새는 경이롭기까지 했으니, 이게 화장품인지 뭔지 의심까지 들었다.

그렇게 시간이 1년쯤 흘렀을까. 결과적으로 내 얼굴에는 아무런 변화도 일어나지 않았다. 여드름이란 존재는 드디어 경멸의 대상이 아닌 친한 친구처럼 여겨지고 만 것이다. 여드름과 얼룩덜룩한 자국, 움푹 팬 흉터로 손상된 내 얼굴이 더 이상 이상해 보이지 않았으니, 다행인지 불행인지 모르겠다.

들인 돈이 얼마인데 여드름에 효과가 있다던 제품들은 하나같이 날 배신한 걸까? 내 피부는 강철이라 화장품이 스며들지 못하는 건가? 별의별 생각이 다 들었지만 화장품에 대한 맹신은 그칠 줄 몰랐다.

더 이상 여드름 박멸 프로젝트는 계속되지 않았지만 새로운 분야인 안티 에이징으로 눈을 돌렸다. 무슨 20대 초반이 안티 에이징이냐고? 스무 살부터 아이크림을 발라야 눈가 주름이 생기지 않는다고 인터넷에서 하도 떠들어 대는 바람에 주름이 생길까 봐 진득한 아이크림을 지극정성으로 꼬박꼬박 발랐다. 며칠 지나고 나니 눈가에 하얗게 돌출된 비립종이 생기기 시작했고, 어느 날은 아이크림이 눈에 들어가 따끔거려 눈물만 왕창 쏟은 날도 있었다.

잔주름을 예방하기 위해 아이오페 레티놀 제품도 밤마다 열심히 발랐는데 이 은색 튜브 모양의 레티놀 제품은 1997년에 처음 출시되어 레티놀 2500 〉 레티놀2500인텐시브 〉 레티놀2500이노베이션 〉 레티놀TX 〉 레티놀 NX까지 13년에 걸쳐 4번이나 리뉴얼되었다.

이렇게 공을 들였으니 내 피부는 당연히 좋아져야 정상일 텐데 나는 내 또래 남자 아이들보다 피부가 더 좋지 못했다. 문제의 발단을 어디서부터 찾아야 할지 엄두도 나지 않았고, 내가 쓴 화장품들이 약속한 효과를 내지 못할 때마다 더 좋은 제품이 분명히 존재할 것이라는 막연한 희망을 가진 채 결코 포기하지 않았다.

3. 과대광고의 피해자

화장품 광고는 무척이나 재미있다. TV에서 SK-II 광고가 나오면 모델이 말하는 광고 문구를 새롭게 각색해 혼자 중얼거려 보기도 하고, DHC 주문전화에서 흘러나오는 연결음을 따라 부르기도 한다. 책이나 잡지에서 화장품 광고가 실려 있는 페이지를 보면 모델의 얼굴은 물론이고 쓰여 있는 카피까지 꼼꼼하게 읽어 본다.

통계 자료에 의하면 성인 평균 한 사람이 하루에만 무려 193개의 광고에 노출되어 살아간다고 하는데, 주위의 수많은 광고들은 우리의 쇼핑 습관에 직접적이든 간접적이든 영향을 미치기 마련이다. 예를 들어 에센스가 다 떨어져 구매해야 할 일이 생겼다면 무의식 속에 있던 에센스 광고가 떠오르기 쉽고, 자연스럽게 그 제품에 호감이 생긴다. 제품의 성분이나 효능, 객관적인 정보와 상관없이 오로지 광고에만 의지하여 구매로 연결되는 것이다.

일반적으로 외국계 화장품 회사들은 매출액 대비 연구 개발에 투자하는 비용이 3%에 불과하지만, 마케팅 비용에는 이보다 10배나 높은 30%를 투자할 만큼 광고에 열을 올리고 있다.

물론 광고에 쓰이는 비용이 연구 개발에 비해 턱없이 높다는 것 자체가 나쁘다는 말은 아니다. 그러나 소비자 입장에서 본다면 이것은 잘못되어도 한참 잘못된 듯 보인다. 제품에 대한 긍정적인 이미지를 심어 주기 위해 광고는 필수적인 홍보 수단이지만, 유명 연예인을 앞세운 화장품 광고는 그 화장품을 사용하면 광고 모델의 피부같이 곱고 깨끗해질 것이라는 헛된 희망을 부풀리기 때문에 문제가 된다.

예를 들어 A브랜드에서 미백 효과를 준다는 화이트닝 세럼을 신제품으로 출시했다고 치자. A브랜드는 어디서 비교, 연구했는지도 모르는 수치와 함께 임상 자료라며 비포, 애프터 사진을 광고에 게재한다.

이 수치를 자세히 읽어 보면 "아시아 여성 36명을 대상으로 4주간 실험한 결과"라고 쓰여 있다. 어떻게 수억 명에 달하는 아시아 여성들을 단 36명의 피부 상태로 대변할 수 있단 말인가. 게다가 이 테스터에 참여한 여성들의 나이나 피부 상태, 타 제품과의 비교, 어떤 환경에서 어떻게 실험됐는지에 대한 정보는 하나도 없이 단순히 '전보다 환해진 것 같다=76%' 등으로 표현했다는 것은 어처구니없는 시추에이션이다.

비포, 애프터 사진은 더 가관이다. 완전히 똑같은 옷을 입고, 똑같은 포즈로 찍힌 사진 1장만 가지고 포토샵 효과를 준 채 '사용 전', '사용 후'라고 광고하다니 괘씸하기 짝이 없다.

이렇듯 유심히 보지 않고 대충 훑어보면서 '정말 그렇구나'라며 수긍하는 순간 우리는 과대광고의 피해자가 된다. 더불어 화장품 회사는 100% 확신하는 광고 문구는 절대 사용하지 않고, 우회적으로 말을 돌리는 애매한 표현을 즐겨 사용한다. '~하는 듯한 효과를 준다', '~에 도움을 준다'와 같이 '그럴 수도 있고, 아닐 수도 있다'는 뉘앙스로 광고 문구를 바꿔 놓는데, 이것은 법의 규제를 피하는 교묘한 방법이다.

그동안 순진하게 광고만을 믿고 화장품을 구매한 경험이 얼마나 많았던가. 그때마다 왜 광고대로 되지 않았는지 반문하며 후회해 보지만, 이미 때는 늦었고 돈을 아깝다고 느끼기에는 많은 시간이 흘러 버렸다. 대신 더 효과가 좋은 다른 제품을 찾기에 급급해져 전에 쓰던 제품에는 조금의 미련도 흥미도 없어지고, 기억에서 잊혀 간다. 결국 돈은 쓸 대로 썼지만, 피부는 나빠지는 악순환이 반복될 뿐이다.

4. 성분표는 화장품 신상명세서

본인이 먹는 음식에 어떤 식재료나 조미료, 첨가물이 들어갔는지 하나하나 따져 본 경험이 있는가? 나는 그런 일이 잦은 편인데 당뇨에 대한 가족력이 있어서 설탕과 나트륨 섭취를 제한해야 하고, 아토피인 탓에 인공조미료나 합성첨가물이 들어 있는 음식을 먹으면 다이렉트로 반응이 오기 때문이다.

사람마다 특정 음식에 대해 알레르기가 있는 경우가 많고, 우유와 같은 유제품을 소화시키는 능력이 현저히 낮은 사람도 있다. 그래서인지 요즘 사람들은 자신이 섭취하는 음식이 무엇으로 만들어졌는지 먹기 전에 꼼꼼하게 따져 보는 것을 당연한 일로 받아들이고 있다.

하지만 화장품을 구매할 때는 제품 안에 어떤 성분들이 들어 있는지 확인하고 사는 경우가 극히 드물다. 보는 게 귀찮아서, 성분표의 존재조차 몰라서, 봐도 이해를 못 하니까 등 이유야 여러 가지겠지만, 화장품에도 음식처럼 인공조미료나 합성첨가물과 같이 피부에 해롭고 불필요한 성분들이 많이 함유된다.

예를 들면 향료나 색소, 멘톨이나 알코올, 나아가 '물'을 제외한 나머지 모든 화학, 동물, 식물 성분들이 피부 상태와 타입에 따라 각기 다른 반응을 나타낸다. 그러므로 화장품을 구매할 때도 음식에 준하는 성분 체크가 필요하다. 화장품에 쓰인 성분표는 그야말로 그 제품의 정체성이자, 신상명세서나 다름없다.

2008년 10월 18일, 드디어 우리나라도 성분표시제가 법적으로 채택되어 이 날짜를 기준으로 생산되는 모든 화장품에서 성분표를 볼 수 있게 되었다. 성분표시제는 함유량이 많은 순서대로 왼쪽부터 오른쪽으로 나열하게 되어 있지만 발음하기조차 힘든 화학 성분들을 일반 소비자가 이해하기란 너무나 어려운 일이다. 그래서 등장한 것이 대한화장품협회에서 만든 화장품 성분 사전(http://www.kcia.or.kr/cid)이다.

하지만 문제는 여기서 끝나지 않았다. 이 사이트에서 알려 주는 성분에 대한 정보는 극단적일 만큼 단순하며, 이러한 정보는 네이버에서 얼마든지 찾아볼 수 있는 수준에 머물러 있다. 가령 지성 피부가 알코올이 지나치게 함유된 스킨토너를 사용하면 역으로 피부가 자극을 받아 더 많은 피지를 내놓게 된다.

이 사이트에서 설명되는 알코올이란 단지 "기포방지제, 수렴제, 향료, 용제, 점도 감소제"로만 여겨지는 화학적인 정의에 불과하다. 성분표 가장 앞쪽에 알코올이 적혀 있으면 높은 함유량이므로, 사용 시 자극적이라는 설명을 써 놓지 않은 이유는 무엇일까? 이런 정보야말로 소비자한테 꼭 필요한 정보가 아닌가?

국내에서 성분표시제가 법적으로 채택되기 훨씬 이전인 2006년도에 이미 나는 다음(Daum) 아고라의 여론 커뮤니티에서 '화장품 성분표시제 서명 운동'을 벌인 바 있다. 당시로서는 상당히 많은 사람들에게 호응을 받았는데, MBC 〈PD수첩〉을 통해 방영됐던 가짜 명품 화장품 고발 프로

그램이 시발점이 되었다.

　기능성 인증도 받지 못한 자외선차단제가 버젓이 백화점에서 수십만 원의 가격표를 달고 판매되었는데, 자외선차단제와 같은 화장품은 기능성 화장품법상 반드시 기능성 심사를 받은 후에 판매를 해야 한다. 하지만 이를 알 리 없는 소비자는 단지 안심 유통 경로인 백화점과 잡지에서 떠들어 대는 광고 문구만 보고 지갑을 열고 만 것이다.

　자외선 차단 성분의 구성이 매우 조악한데도 우리는 화장품 회사가 '선크림'이라고 이름 지어 줬기 때문에 믿고 구매하는 끔찍한 실수를 저질렀다. 이렇듯 당신이 사용하고 있는 화장품에 부착된 성분표를 이해하지 못한다면, 사용하고 있는 '선크림'에 자외선 차단 성분이 전혀 들어 있지 않거나, 효과가 아예 없는 성분이 함유되어 있을지도 모를 일이다.

모든 피부 타입에 유익한 성분

　모든 피부 타입에 유익하다고 말할 수 있는 성분은 너무 많아 일일이 열거하기 어렵고, 이 리스트에는 화장품 회사에서 주로 사용하는 성분들 중에 특정한 피부 타입에 국한되지 않는, 모든 피부에 이롭게 작용하는 훌륭한 성분들만 간추렸다. 이 성분들이 성분표 앞쪽에 쓰여 있고, 한 제품 안에 5개 이상 포함되어 있다면 매우 좋은 제품이 틀림없다. 하지만 자극 성분과 함께 들어 있다면 효과가 반감될 수 있으므로, 자극 성분이 함유되어 있지는 않은지 살펴봐야 한다.

　건성 피부가 사용하는 제품에는 매우 되직한 질감을 만들어 내는 고농도의 농후제나 유분감이 높은 보습 성분이 함유된다. 이런 성분이 함유된 제품을 건조하지 않은 지성이나 복합성, 여드름 피부가 사용하면 문제를 일으킨다. 화장품의 질감 농도가 높은 크림 타입일수록 피부를 번들거리게 만들고 모공을 막아 트러블을 유발하기 쉽기 때문인데, 피지가 많은 지성이나 여드름 피부라면 묽은 질감의 화장품을 사용하는 것이 바람직하다.

어떤 브랜드의 제품을 고르느냐도 중요하겠지만, 그보다 더욱 중요한 것은 어떤 성분이 들어 있느냐를 보는 것이다. 아래 성분표를 참고하면 피부 타입별로 피해야 할 성분과 좋은 성분이 무엇인지 쉽게 이해할 수 있다.

AHA(과일산, 글리콜릭산), BHA(살리실산), 콜라겐, 엘라스틴, 레시틴, 비타민 A(레티놀, 레티닐 팔미테이트), 비타민 C(아스코르브산, L-아스코르브산 등), 비타민 E(토코페릴 아세테이트, 토코페롤), 비타민 F(리놀레익산), 녹차 추출물(카테킨), 백차 추출물, 예바마테 추출물, 포도 씨 추출물, 도라지 추출물, 우엉 추출물, 글리세린, 수퍼옥사이드 디스뮤타제, 베타카로틴, 베타 글루칸, 히알루론산, 세라마이드, 셀레늄, 알로에 베라, 레티놀, 아데노신, 각종 펩타이드, 각종 베리(berry) 추출물, 각종 사카라이드(무코폴리 사카라이드 등), 병풀 추출물(센텔라 아시아티카), 효모 추출물, 석류 추출물, 해조류 추출물(알개), 아스타잔틴, 코엔자임 Q10(유비쿼논), 화이트닝 성분[아젤레익산, 알부틴, 뽕나무 추출물, 닥나무 추출물, 함박꽃나무 추출물, 감초 추출물(글라브리딘), 하이드로퀴논], 소듐 PCA, EGF(세포성장인자), 아미노산, 아쿠아포린, 나이아신아미드, 알란토인, 비사볼올, 카모마일, 카페인, 아줄렌, 인삼(사포닌), 이소플라본, 자외선 차단 성분[이산화 티탄(티타늄 디옥사이드), 산화 아연(징크옥사이드), 아보벤존(부틸메톡시디벤조일메탄), 멕소릴SX(에캄슐), 옥시벤존(벤조페논-3) 등]

모든 피부타입이 피해야 할 성분

아래 성분들은 모든 피부에 나쁜 결과를 불러온다. 이 성분들이 성분표 앞쪽에 쓰여 있고, 전체 리스트에 3개 이상 포함되어 있다면 사용을 중지하는 것이 바람직하다. 하지만 방부제 뒤로 쓰여 있다면 함유량이 현저히 낮다는 뜻이므로 피부에 특별한 영향을 미치지 않는다. 그러므로 성분표를 볼 때 방부제 앞, 뒤 중에서 어느 쪽에 쓰인 성분들이 무엇이냐를 따져 볼 필요가 있다.

합성향료, 천연향료, 인공색소(적색 O호, 자색 O호와 같이 컬러별 호수 전부), 방향성 허브 아로마 에센셜 오일(장미, 시나몬, 베르가모트, 시트러스, 유칼립투스, 라벤더, 로즈마리, 제라늄, 그레이프루트(자몽), 레몬, 레몬글라스, 민트, 밤민트, 페퍼민트, 스피아민트, 샌달우드, 라임, 타임, 일랑일랑, 아니스, 코리안더 등), 보석 & 광물 성분(금, 은, 다이아몬드, 사파이어, 자수정, 플래티늄, 게르마늄, 토르말린 등), 아니카 추출물, 파파인, 리모넨, 리나놀, 에탄올, 벤질 알코올, SD알코올, 알부민, 칼라민, 멘톨, 장뇌(캠퍼), 유황(설퍼), 생강(진저), 쇠뜨기 추출물, 위치 하젤(하마멜리스), 스크럽 성분[베이킹파우더, 브라운 슈거(흑설탕), 에프리 콧(살구씨), 소금, 비즈, 플라스틱 알갱이, 알루미늄 가루 등]

지성, 여드름 피부

유익한 성분

BHA(살리실산), 실리콘 폴리머(디메치콘, 사이클로펜타실록산과 같이 ~치콘, ~실록산으로 끝나는 성분들), 차콜(숯), 티트리 오일(멜라루카 앨터니폴리아), 마누카 오일, 님(neem) 추출물, 예바 마테 추출물, 해조류 추출물(알개), 프로폴리스, 오트밀,

인삼(사포닌), 시위드(해초), 클레이 성분(화이트 클레이, 차이나 클레이, 사해 머드, 벤토나이트 등), 실리케이트

How to make up

모공을 막지 않으면서 염증을 유발하지 않는 실리콘 계열의 성분들은 지성, 여드름 피부에 굉장히 효과적이며 보습력이 탁월하다. 항염증 작용과 과도한 피지를 흡수해 내는 성분들이 함유된 제품을 사용하면 지성 피부를 개선시키는 데 도움이 된다.

피해야 할 성분

에탄올, SD알코올, 미네랄 오일, 바세린(페트로라툼), 시어 버터, 코코아 버터, 호호바 왁스, 라놀린, 스테아르산염, 스테아린산, 팔미티산염, 미리스탄산, 식품 파우더(쌀, 옥수수, 밀가루, 곤약, 각종 녹말가루 등), 무향의 식물성 오일[올리브, 카놀라, 선플라워(해바라기), 포도씨, 호호바, 아보카도, 옥수수, 당근, 캐스터, 살구, 코코넛, 이브닝 프림로즈(달맞이 꽃), 헤이즐넛, 스위트 아몬드, 새서미(참기름), 소이(콩), 마카다미아 넛, 윗 점 등]

How to make up

유분감이 높거나 모공을 밀폐시켜 버리는 성분, 피지와 흡사한 성분인 무향의 식물성 오일들을 피하고, 여드름균(P. Acne)의 먹이가 되는 식품 파우더가 함유된 제품도 사용을 지양해야 한다.

복합성, 건성 피부

유익한 성분

AHA(과일산, 글리콜릭산, 락틱산 등), 지방(트리글리세라이드), 미네랄 오일, 바세린 (페트로라툼), 시어 버터, 코코아 버터, 호호바 왁스, 라놀린, 무향의 식물성 오일[올리브, 카놀라, 선플라워(해바라기), 포도씨, 호호바, 아보카도, 옥수수, 당근, 캐스터, 살구, 코코넛, 이브닝 프림로즈(달맞이 꽃), 헤이즐넛, 스위트 아몬드, 새서미(참기름), 소이(콩), 마카타미아 넛, 윗 점 등], 아미노산, 레시틴, 스쿠알란, 스테아르산염, 스테아린산, 콜레스테롤, 팔미티산염, 미리스틴산

 How to make up

복합성과 건성 피부와 같이 피부 건조에 시달리는 피부라면 무향의 식물성 오일이 함유된 제품을 사용하면 피지와 비슷한 성격을 가지고 있어 수분 증발을 막아 주고, 피부 결을 개선시켜 준다.

피해야 할 성분

에탄올, SD알코올, 차콜(숯), 소듐 C14-16 올레핀 설페이트, 클레이(화이트 클레이, 차이나 클레이, 사해 머드, 벤토나이트 등), 실리케이트, 식품 파우더(쌀, 옥수수, 밀가루, 곤약, 각종 녹말가루 등)

 How to make up

휘발성이 높은 성분과 피지를 흡수해 내는 성분들은 모두 피해야 한다.

듣. 보. 잡. 성분(듣도 보도 못한 잡다한 성분)

당신은 화장품 성분이 얼마나 무궁무진할 수 있는지 그 내막을 알면 깜짝 놀랄 것이다. 지구상에 존재하는 어떤 식물에서든지 '특정 성분'을 추출해 낼 수 있기 때문인데 그것이 피부에 무슨 작용을 하는지와는 상관없이 독성이 없는 한 화장품에 함유될 수 있다. 마다가스카르 숲 속 깊은 곳에서만 자란다는 칼랑코에의 꽃잎 성분이든, 히말라야 산 중턱에서 매서운 추위를 견디는 사우스레아 줄기 성분이든, 사막의 엄청난 건조 속에서도 수분을 잃지 않는 유포르비아 선인장 성분이든.

이런 식으로 따지고 들면 정말 밑도 끝도 없이 전 세계 모든 식물 성분이 추출될 수 있다. 도대체 이런 식물들을 살아가는 동안 한 번이라도 들어나 보겠는가. 아무도 관심 갖지 않는 이런 식물들을 진귀한 성분으로 둔갑시킬 재주가 있는 것은 화장품 회사만이 할 수 있다.

공인된 실험기관을 통해 이런 식물성 성분에서 긍정적인 효과가 발견된다면 (그것도 피부에서!) 매우 좋겠지만 그런 경우는 매우 드물다. 혹여 발견된다 하더라도 그 실험의 주체자가 화장품 회사 자신이 아닌지 확인해볼 필요가 있다.

우리는 스스로 재생할 수 있는 능력을 가진 동식물의 성분이 함유된 제품을 많이 봐 왔다. 달팽이 점액 화장품, 포도나무 화장품, 사과세포 화장품. 조금이라도 재생능력이 있는 동식물을 발견하는 순간 화장품 회사는 주저하지 않고 제품으로 개발한다.

아니, 언제부터 사람 피부가 달팽이랑 똑같았단 말인가, 포도나무는 피부와 무슨 상관이며, 사과세포는 또 뭐란 말인가. 이런 시답지 않은 주장들은 과학적으로 증명된 바가 아니므로 귀담아들을 필요가 없다. 사람의 피부는 이런 동식물의 외피 메커니즘과는 비교조차 할 수 없을 만큼 놀랍도록 복잡하다. 달팽이가 아무리 피부에서 기어 다녀 봐야 상처 난 부위에 새살이 돋으려면 마데카솔 바르는 게 백 배는 빠를 것이다.

화장품 회사들이 만들어 낸 신(新)성분

스마트 플라워 콤플렉스, 퓨어 파인 복합체, 프리티 프리즘 포뮬라 등등 화장품 회사는 여러 성분을 믹스하여 자사만이 사용할 수 있는 신성분을 만들어 낸다. 그리고는 자체적으로 네이밍을 하는데 이 성분들은 자기네만 사용하는 특수한 성분이므로 딱 꼬집어서 좋다, 나쁘다를 말하기가 불가능하다. 그러나 복합된 신성분이라고 하더라도 성분표에는 구성되어 있는 성분 하나하나를 쪼개어 기록해야 하므로 성분표를 따져 보면 그만이다.

그런데 이런 성분들을 사용하는 화장품 회사에서 빠뜨리지 않고 강조하는 것이 있다면, 바로 특허를 낸 성분이라고 광고한다는 사실이다. 특허는 '특별한 허가'의 줄인 말이지, '특별한 효과'라는 뜻은 아니다. 특허는 그 성분의 어떤 효과도 보장해 주지 않으며, 타 브랜드에서 그 성분을 사용하지 못하도록 막아 주는 것 외에는 아무런 힘도 발휘하지 못한다.

방부제

무려 5년이나 파라벤류 방부제와 관련하여 논쟁을 벌여 왔다. 천연 화장품 마니아거나, 파라벤류 방부제를 싫어해야만 자신에게 유리한 쪽으로 돌아가는 사람들은 근거도 없이 파라벤류 방부제를 비난한다. 이들이 호되게 비난하는 이유는 이 성분이 발암(특히 유방암) 물질이라서 그렇다는데, 파라벤류 방부제와 유방암의 관계는 2002년부터 2004년까지 매년 발표된 '데오도런트와 유방암 연구'에 의해 논란이 불거졌다.

하지만 연구 결과는 둘의 관계가 단지 추론에 불과했으며, 파라벤류 방부제가 함유된 데오도런트 사용이 유방암을 유발한다는 주장을 끝내 증명해 내지 못했다.

미국국립암연구소(National Cancer Institute)는 데오도런트의 사용이 유방암을 유발한다는 주장을 뒷받침할 과학적인 증거는 없다고 발표했고, 파라벤류 방부제에 대한 논란을 종식시키기 위해 미국의 FDA와 유럽연합 산하의 유럽과학위원회(SSC)는 파라벤류 방부제의 화장품 함유량에 대한 현재 사용 기준치에 문제가 없다고 확인사살까지 해 주었다. 그러니 이젠 새로운 연구 결과가 나오기 전까지 파라벤류 방부제가 암을 유발한다는 말은 전혀 논리적이지 않으니 제발 인터넷에서 헛소문 좀 내고 다니지 말자.

그렇다고 해서 파라벤류 방부제가 100% 안전하다는 뜻은 아니다. 이 성분이 함유된 제품을 민감성, 예민 피부나 아토피 질환자, 알레르기가 있는 사람이 사용할 경우 문제를 야기할 수 있다. 건강한 피부라면 크게 상관없지만, 민감한 피부를 가졌다면 파라벤류 방부제가 함유된 화장품 사용을 고려해야 한다.

화장품 회사가 자체적으로 개발했다는 방부 시스템이나, 검증되지 않은 천연 방부제가 함유된 화장품은 항균력이 약해 쉽게 변질될 우려가 있어, 자칫 오염된 화장품을 얼굴에 바르게 되면 여우 피하려다 호랑이 만난 격이 되고 만다.

5. 물과 기름

화장품을 구성하는 기본 성분은 물과 기름이다. 이 두 친구는 만나기만 했다 하면 서로 멀찌감치 떨어져 있을 만큼 사이가 무척이나 나쁜 편인데, 이 둘 사이에 계면활성제라는 친구가 끼게 되면 언제 그랬냐는 듯 세 친구는 하나가 되어 버린다. 이 신기하고도, 간단한 화장품의 기본 원리를 초등학교 4학년 과학 시간에 배웠다니 놀라울 따름이다.

물과 기름 중에 어떤 물질이 더 많이 들어갔느냐에 따라 화장품의 이름이 결정되는데 물과 기름의 비율 중에 물이 90% 정도 차지하면 그 제품은 매우 묽은 질감이 되므로 '스킨'이라고 부른다. 또한, 물이 60% 정도 차지하면 살짝 걸쭉한 질감이 되므로 '에센스' 혹은 '로션'이라고 부른다. 끝으로 물 비율이 오일보다 턱없이 모자라면 진득하고 되직한 점성이 되므로 '크림'이라고 부른다.

결국 화장품 카테고리를 구분하는 결정적인 기준은 물과 기름의 비율, 텍스처의 투명도와 점도가 어떻게 되느냐를 따지는 것이다. 다른 기준이란 존재하지 않는다. 오로지 물과 기름의 함유량, 내용물의 점도가 화장품의 이름을 결정할 뿐이다.

백화점에서 판매되는 일본의 고가 브랜드인 SK-II는 완전히 물에 가까운 스킨토너 질감인 '페이셜 트리트먼트 에센스'를 판매하고 있다. 이 제품은 누가 봐도 영락없는 스킨토너인데 제품명은 에센스이고, 사용 방법은 화장솜을 이용하여 바른다.

이처럼 화장품 회사는 마케팅 전략에 의해 제품의 질감과 상관없이 어떤 제품이든 원하는 명칭으로 카테고리를 결정할 수 있다. 소비자만 잠시 의아해할 뿐 크게 관심을 두지 않는다.

여기서 우리가 한 가지 짚고 넘어가야 할 사실은 화장품 회사가 어떻게 카테고리를 구분 지었는가와 상관없이 본인이 제품의 카테고리를 결정해도 무방하다는 것이다. 화장품 회사가 편의상 구분해 놓은 카테고리를 액면 그대로 받아들이는 것은 곤란하다.

물에 가까운 질감일수록 스킨토너와 같이 사용하면 되고, 점성이 높아 뻑뻑한 질감일수록 기름이 많이 들어 있다는 뜻이니 여드름, 지성 피부는 피하고, 건조함을 느끼는 복합성 피부나 건성 피부만 사용하면 된다.

화장품 사용 순서는 묽은 제품(스킨토너)으로 시작해서 농도가 높고, 되직한 질감의 제품 순으로 발라 주어야 한다. 3초 보습법이니 뭐니 해서 오일 타입 제품이나 크림을 가장 먼저 바르게 되면 기름막이 생겨 나중에 바르는 묽은 질감의 화장품은 흡수되지 못하고 겉돌게 된다. 결국 화장품 낭비로 이어진다.

6. 무색소, 무향료 제품의 선택

화장품은 물감이 아닌데 색소가 첨가된다. 더군다나 향수도 아닌데 향료도 첨가된다. 이 모든 게 시각과 후각만을 만족시키기 위해 사용될 뿐이다. 피부에는 어떠한 이로움도 없으며, 효과가 있다면 그것은 피부를 못 살게 굴 정도로 괴롭히는 것이 전부다.

색소와 향료는 화장품을 구성하는 성분 중에 아무짝에도 쓸모없는 성분이 틀림없지만, 여전히 많은 사람들이 이런 성분이 함유된 화장품을 구매하는 데 망설이지 않는다. 혹시라도 자신이 사용하는 제품에 들어 있지는 않은지 지금 당장 확인해 보자.

수분감이 흠뻑 느껴지는 파란색의 수분크림이나, 사랑스러운 핑크색의 스킨토너, 영양이 충분할 것 같은 노란색의 아이크림까지. 이런 컬러풀한 색소가 함유된 화장품은 피부에 착색될 우려가 높은 성분이다. 그럼에도 불구하고 1년 내내 화이트닝 관리를 하는 우리나라 사람들에게 색소가 첨가된 화장품을 피부에 바르면서 얼굴이 하얗게 되기를 바란다는 건 아무리 생각해도 이해하기 힘들다.

색소는 그렇다 치자. 향료 문제는 정말 지긋지긋하다 못해 답답해서 펄쩍 뛰고 귀가 먹먹해질 만큼 황당한 지경에 이르렀다. 아직도 손등에 발라만 보고 향을 맡은 후 화장품을 구매하는 사람들이 수두룩하다. 심지어는 향이 좋으면 효과도 좋을 거란 착각에 빠진 사람도 내 주위에는 비일비재 하다. 어떤 향이 나는지보다 어떤 성분이 들어있는지를 먼저 봐야만 한다. 제품에서 나는 향기가 결코 그 화장품의 효과를 대변해 주지 않는다. 하지만 다행히도 무향료 화장품을 지향하는 브랜드(크리니크, DHC, 오르비스 등)들 덕분에 향료가 없는 화장품 선택의 중요성이 날로 커져 가고 있다. 향료가 들어 있는 화장품을 사용하면 트러블이 날 확률이 높아진다. 더불어 피부가 민감해지는 것은 물론이고 접촉성 피부염의 우려까지 생긴다.

이것을 잘 알고 있는 일부 화장품 회사들은(특히 유럽의 유기농 브랜드) 무향료 콘셉트를 강조하면서 인공 향료를 대체한 방향성 허브 아로마 오일이 첨가된 화장품을 판매하고 있다.

대체 왜! 왜! 왜! 그놈의 지긋지긋한 '향'에서 화장품 회사들은 도무지 벗어날 생각을 하지 않는 걸까. 그건 바로 소비자가 좋은 향이 나는 화장품을 무척이나 원하고 있고, 화장품 선택에 있어서 향이 높은 비중을 차지한다는 사실을 투영한다.

인공향료보다 더 자극적인 방향성 허브 아로마 오일

아로마테라피는 후각을 통해 스트레스를 해소하고, 심신의 안정과 병의 치유까지 돕는 향기 요법을 말한다. 하지만 얼굴에 직접 바르는 화장품에서까지 적용할 필요가 있는지 의문이다.

먼저, 희석했든 하지 않았든 간에 모든 아로마 오일들은 피부 자극을 유발할 수 있다. 이것은 접촉성 피부염으로 발전할 수 있으며, 화장품에 혼합된 소량의 오일마저 문제 발생의 원인이 된다.

감광성을 띠는 감귤계 아로마 오일들은 그 상큼한 향 때문에 화장품에 가장 많이 사용되는데 레몬, 오렌지, 그레이프프루트, 베르가모트, 라임, 비터오렌지가 함유된 화장품을 바르고 자외선에 노출되면 피부는 태양광선으로부터 알레르기 반응을 일으킨다.

라벤더와 로즈마리는 천연, 유기농 화장품에 터줏대감 노릇을 톡톡히 하는 아로마 오일이다. 항박테리아 작용이 있는 것으로 알려져 있지만, 그와 더불어 잠재적인 독성 역시 함께 지니고 있다.

특히 산모의 경우 임신 초기부터 아로마 오일 사용을 매우 신중하게 고려해야 하며, 반드시 산부인과 전문의의 지시를 따라야 한다. 거의 대부분의 아로마 오일이 산모와 태아에 영향을 미치고, 자궁수축에도 관여하여 문제를 야기하기 때문이다. 모든 아로마 오일의 사용은 반드시 공인된 전문가의 지도 아래 이루어져야 한다.

요즘은 색소와 향료, 아로마 오일이 함유되지 않은 제품을 찾는 것이 비교적 수월해졌다. 그래도 여전히 이 세 가지가 공통적으로 함유되지 않은 제품을 찾기란 여간 귀찮은 일이 아닐 수 없다.

가장 좋은 것은 전혀 들어 있지 않은 제품을 쓰는 것이다. 하지만 나쁜 성분이라고 하더라도 성분표 순서에서 가장 마지막이나 끝 쪽에 위치해 있다면, 함유량이 미비하여 큰 영향을 끼치지 못하므로 시도해 볼 만하다.

7. 쏟아지는 잘못된 뷰티 정보

사람은 자신이 가지고 있는 기준과 가치 판단의 척도에 따라 진실 여부를 떠나서 정보를 재해석하려는 경향이 있다. 과학과 감성이라는 영역이 오묘하게 조합된 화장품이라는 세계에서는 이러한 현상이 더 두드러지게 나타난다.

화장품에 대한 진정한 기준은 과연 누가 제시할 수 있는가? 제시된 정보가 과학적 근거가 있는지 어떻게 검증할 수 있을까?

인터넷에서 쏟아지는 화장품과 관련된 정보들은 셀 수 없이 많고, 그 정보들을 퍼다 나르는 사람들도 셀 수 없이 많다. 이런 일에 화장품 회사마저 동조하고 있으니 많은 정보들 속에서 진실을 찾아내기란 눈물 날 만큼 힘든 현실이 되었다.

대개 이런 정보들은 긍정적인 요소보다 의심과 비판, 위협적인 요소들로 꽉 찬 부정적인 내용일 때 빠르게 확산된다. 사람들은 이런 이야기에 관심과 흥미를 갖고 귀를 기울이기 마련이다.

몇 개월 전 KBS와 SBS 뉴스에서 '봉독(Bee Venom) 화장품'에 대한 효능, 효과를 소개하는 방송이 보도되자 방송에 직접적으로 출연했던 브랜드의 판매 사이트가 다운되고, 품귀현상까지 발생한 적이 있었다.

이것은 농촌진흥청이 "봉독이 여드름 치료와 예방에 효과가 있다"고 발표한 덕분에 일어난 일이었다. 하지만 얼마 못 가 식품의약품안전청은 농촌진흥청에 해당 발표에 대한 해명을 요구하는 공문을 보냈고, 농촌진흥청은 "봉독 성분 자체가 여드름 치료와 예방에 효과가 있을 뿐, 화장품이 그러한 효과를 내는 것은 아니다"라고 정정하는 해프닝이 벌어졌다.

결과적으로 마지막에 웃은 사람은 누구인가? 봉독 화장품이 효과가 있든, 없든 간에, 농촌진흥청의 정정 보도와는 상관없이 이미 '봉독 화장품'은 소비자들에게 여드름 치료제로 받아들여졌고, 그것을 판매한 화장품 회사만 상당한 매출을 올렸다.

우리는 이러한 잘못된 뷰티 정보를 조심해야 한다. 언제나 제대로 된 정보는 화장품을 관리, 감독하는 식약청에 의해 발표된다. 물론 농촌진흥청도 제대로 된 정보를 전달하긴 했지만, 그것을 본 시청자의 잘못된 해석이 엉뚱한 결과를 낳았다. 식약청 홈페이지(http://call.kfda.go.kr)에 들어가 보면 화장품 FAQ가 마련되어 있어 자칫 오해할 수 있는 정보들에 대한 정확한 가이드라인을 제시하고 있으므로 참고하길 바란다.

8. 국가마다 다른 화장품 규제

화장품과 관련된 법을 만들고, 특정 성분의 함유량을 제한하거나, 관리 감독하는 업무는 각 국가의 식약청과 같은 정부 기관이 담당하고 있다. 그런데 흥미로운 것은 국가마다 화장품과 관련된 규제에 상당한 차이를 보인다는 것이다.

피부 미백 성분으로 알려져 있는 '하이드로퀴논(Hydroquinone)'을 예로 들면, 이 성분은 멜라닌 세포의 대사 과정에서 발생하는 멜라닌 색소를 분해하고, 색소 침착된 부위를 탈색시켜 미백 효과를 가지는, 과학적으로 검증된 성분이다. 그래서 미국과 일본에서는 2% 한도 내로 화장품에 함유되는 것이 제약을 받지 않으나 우리나라와 유럽에서는 화장품에 첨가될 수 없는 일반의약 성분으로 분류되어 있어 수입이나 판매가 모두 금지(약국에서 태극제약의 도미나 크림이 하이드로퀴논 4% 함유 제품으로 의사 처방전 없이 판매되고 있음)되어 있다.

피부과에서 여드름 치료에 처방해 주는 '과산화벤조일(Benzoyl peroxide)'은 피부과 전문의의 처방전이 있어야만, 약국에서 브레복실 겔이나, 디페린 겔, 듀악 겔이란 이름의 연고로 구매할 수 있는 성분이다. 반면에 미국에서는 화장품에 최고 10% 함유량까지 허용되는 성분으로 우리나라 식약청의 규제와 미국 FDA의 규제가 서로 다르다는 것을 알 수 있다.

끝으로 각질 제거 성분 중 하나인 '살리실산(Salicylic acid)'의 기준치 함유량에도 차이를 보인다. 한국은 0.5% 제한인 반면, 미국은 2% 제한으로 3배나 더 높은 기준치 함유량을 허용하고 있다.

왜 국가마다 서로 다른 규제를 적용하는 것일까?

첫째로, 제약 회사의 로비일 수 있다. 각종 의약 성분들이 화장품 성분으로 확대되고, 퍼센티지에 대한 규제가 완화되면 성분에 대한 독점권이 더 이상 제약 회사만의 것이 아니기 때문이다.

둘째로, 각국 정부가 보호 무역 관점에서 각기 다른 해석을 내놓기 때문인데, 예를 들어 미국에서 화장품에 자유롭게 첨가될 수 있는 성분이 유럽에서 의약 성분으로 분류되어 있다면, 그 제품은 유럽 내에서 유통될 수 없으므로 수입, 수출이 불가능해진다. 그 반대로 생각해도 상황은 동일하다.

안타까운 것은 미백 성분인 하이드로퀴논이나 여드름 치료 성분인 과산화벤조일(=벤조일 퍼옥사이드), 각질 제거 성분인 BHA(살리실산) 모두 수십 년간 그 안전성과 효능 효과를 검증받은 우수한 성분들이라는 것이다.

우리나라에서도 하루빨리 규제가 완화되어 화장품에 함유될 수 있다면 하얀 피부를 원하는 여성들의 소망도, 보험이 되지 않아 비싼 돈을 들였던 여드름 치료도, 울퉁불퉁한 스크럽제가 아닌 매우 순한 각질 제거도 모두 집에서 관리할 수 있게 될 것이다.

9. 제조일자와 유통기한

대부분의 화장품은 제조일로부터 3년까지 성분을 보존할 수 있을 만큼의 방부제를 넣어 만들어진다. 하지만 개봉하고 나면 보통 1년 이내에 전부 소모하는 것이 바람직하다. 또한, 제조일로부터 1년 6개월 이상 지난 제품은 사용을 자제하고, 구입할 때 알았다면 유통기한이 더 넉넉하게 남은 제품으로 교환하거나 환불받는 것이 좋다.

화장품은 오래되면 오래될수록 산화되어 유효성분의 효과가 감소되고, 방부제가 첨가되지 않은 무방부제 화장품의 경우 변질과 오염, 부패 속도가 빠르므로 아끼지 말고 빠른 시일 안에 소모해야 한다.

최적의 화장품 사용 기간

클렌징류-12개월	스킨토너, 에멀전, 크림류-10개월
시트 마스크, 팩류-10개월	에센스, 립글로스류-8개월
베이스, 파운데이션, 파우더, 섀도류-12개월	
기타 포인트 메이크업류-12개월	선크림류-6개월

선크림류나 에센스류의 경우, 개봉했다면 아끼지 말고 듬뿍 사용하는 것이 좋다. 뚜껑을 자주 열수록 공기와의 접촉이 잦아져 더 빠르게 산화하기 때문이다.

가급적 진공 펌프나 불투명한 용기에 들어 있는 제품을 고르자. 특히 선크림은 한철이 지나면 자외선 차단 성분의 효과가 거의 반감되어 효과도 없을뿐더러 오래된 선크림은 피부 트러블을 유발하므로 사용에 주의한다.

국내 브랜드는 우측 이미지처럼 제조일자와 유통기한이 동시에 찍혀 나온다. 그러나 수입 브랜드 경우 'EXP(Expired Date)'라는 약자를 사용하는데 이것이 바로

국산 제품 표기방법

유통기한이다.

예를 들어 'EXP/011012'이라고 쓰여 있다면 뒤에 있는 숫자부터 2자리씩 끊어서 해석하면 되는데 2012년 10월까지 사용해야 한다는 뜻이며, 'EXP 12M'이라고 쓰여 있다면 12개월, 즉 1년 안에 사용해야 한다. 간혹, 'MFD(Manufactured Date)'라는 약자도 있는데 이것은 제조일자를 뜻한다.

화장품 라벨이나 단 상자 혹은 제품 뒷면에 아래와 같은 그림을 찾아보자. 숫자와 알파벳 'M'이 쓰여 있는 이 그림의 정체는 제품을 개봉하고 해당 숫자만큼의 'O개월' 안에 사용하라는 뜻이다. '24M'은 24개월(2년)이다.

국산 브랜드라면 보기 쉽게 제조일자와 유통기한이 함께 찍혀 나오지만, 수입 브랜드는 제조일자만 찍혀 나오는 경우가 많고, 간혹 그마저 어디에 찍혀 있는지 몰라 찾아 헤매는 일도 많다.

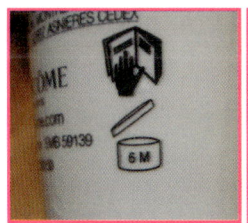
6개월 사용 가능

12개월 사용 가능

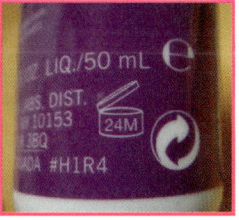
24개월 사용 가능

그래서 가장 유명한 에스티 로더 계열사에서 나오는 제품들의 고유코드 읽는 방법을 소개한다. 에스티 로더 계열사(에스티 로더, 크리니크, 맥, 바비 브라운, 오리진스, 아베다 라 메르 등)에서 만드는 화장품의 제조일자를 확인하는 방법은 제품 하단이나 라벨에 영문자와 숫자로 표시된 3글자를 찾는 것이다.

만약 'A59'라고 쓰여 있는 경우, 가장 뒤에 있는 숫자가 제조 연(Year)이고 가운데 숫자가 월(Month)이다. 맨 앞 영문자는 지역 제조 공정을 뜻한다. 해석하면 A라는 곳에서 2009년 5월에 제조된 제품이라는 뜻이다. 가운데 숫자의 월(Month)의 경우 10월은

에스티 로더 표기방법

A, 11월은 B, 12월은 C로 표기한다. 예를 들면 'CC7'이라고 쓰여 있다면 C라는 곳에서 2007년 12월에 제조된 제품이라는 뜻이다.

그 밖에 수입 브랜드의 제조일자를 친절하게도 공짜로 알려 주는 웹사이트인 코스메틱 위저드(http://cosmeticswizard.net/)를 소개한다. 첫 화면에서 브랜드를 선택하고, 제품에 찍혀 있는 고유 코드를 입력하면 제조일자를 알려 준다.

1. 여드름 전용 화장품의 효과?

　나 또한 여드름 질환자로서 사춘기 시절부터 많은 고생을 했고, 지금
도 여전히 성인 여드름을 가지고 있다.

　도대체 어떤 이유로 여드름이 생기는 걸까, 왜 한 번 생겼다가 아물면
그 옆자리에 또 생기는 걸까, 어떻게 없애 버릴 수 있을까 하는 식의 여드름
과 관련된 의문은 도무지 끝날 기미가 보이지 않는다. 이렇게 지긋지긋한
여드름 때문에 고민해 본 사람이라면 누군가와 만날 때도 얼굴에 신경 쓰
이고 자신감마저 떨어져 괜히 주눅 들고 만다.

　사춘기 시절 생긴 여드름은 남성호르몬과 관련이 있다. 비정상적으로
분비된 왕성한 피지(이른바 개기름)가 원인인데, 우리 피부는 스스로를 보
호하기 위해 피지 샘에서 피지를 만들어 낸다.

　이 피지는 피부가 건조해지지 않도록 보습 효과를 내기도 하고, 외부

손상으로부터 피부를 보호, 재생하는 매우 중요한 역할을 하므로 반드시 없애 버려야 하는 나쁜 녀석은 아니다. 다만 비정상적으로 생성되면 배출해야 할 피지가 많아져 모공은 자연스레 확장되고 피지를 먹고사는 세균맨(Propionibacterium Acne)이 활동하기 좋은 환경으로 조성되어 여드름이 생기는 것이다.

대개 사춘기 여드름은 스무 살 되기 이전에 흔적만 남기고 사라지므로 크게 걱정하지 않아도 된다. 그러나 문제는 20대 이후로도 돋아나는 성인 여드름이다. 어른이 됐는데도 촌스럽게 여드름이 난다는 소리를 들을까 봐 자기 얼굴에 난 건 뾰루지라고 극구 부정하는 사람들이 많은데, 여드름이나 뾰루지나 그 말이 그 말이다.

이런 성인 여드름은 사춘기 시절부터 시작된 비정상적인 호르몬 작용이 성인까지 이어져 계속되는 피지 분비 때문일 수 있고, 규칙적이지 않은 생활 습관, 스트레스, 과도한 흡연과 음주 등이 원인일 수 있다. 여드름이 생기는 모든 공통 요소는 호르몬에 의한 과다 피지 때문이긴 하지만, 성인 여드름은 사춘기 여드름과 달리 가만히 놓아둔다고 해서 절대 시간이 해결해 주지 않으므로 적절한 치료와 관리가 요구된다.

자, 이제 여드름과 싸워 이길 수 있는 방법을 소개한다. 당신이라면 어떤 무기를 들고 싸우겠는가. 여드름 전용 수분크림? 여드름 전용 스팟 젤? 여드름 전용 패치 스티커?

안타깝게도 이런 제품들은 여드름과 싸울 무기로 전혀 효과적이지 않다. 우리가 먼저 해야 할 일은 동맹군을 만드는 일인데, 든든한 동맹군은 화장품이 아니라 바로 피부과 전문의이다. 이 말은 피부과를 찾아가 수십만 원에 달하는 패키지 프로그램을 끊으라는 소리가 아니다. 단지 피부과 전문의가 처방해 주는 먹는 약과 바르는 약을 받아 오라는 뜻이다.

이것이 모든 여드름과 싸워 이길 수 있는 유일한 비책이다. 이미 피부과에 수년간 다녀 봤지만 그때뿐이었다고? 헐, 당연한 말 아닌가! 병에 걸렸는데 완치도 되지 않은 상태에서 치료를 그만둬 놓고 의사 탓으로 돌리다니! 여드름은 난치성 질환이므로 꾸준하게 치료와 관리하지 않으면 다시 나타날 수밖에 없는 끈질긴 스토커나 다름없다.

그렇다면 화장품으로 여드름을 물리치는 것이 불가능하단 말인가? 정답부터 말하자면 그렇다.

어떤 화장품이든 피부과에서 처방해 준 먹는 약과 바르는 약보다 효과적일 수 없다. 특히 한국에서 판매하는 화장품들은 더욱 그렇다. 왜냐하면 여드름에 효과적인 성분인 살리실산이나 과산화벤조일의 경우, 우리나라 식약청의 성분 고시로는 살리실산이 0.5% 이하, 과산화벤조일은 전문의약품으로 분류되어 있어 화장품에 함유될 수 없는 반면에, 미국에서는 살리실산이 2%, 과산화벤조일은 화장품에 10%까지 함유될 수 있을 만큼 규제가 약하기 때문이다. 그러므로 한국에서 여드름에 효과적인 화장품을 찾는 것은 법이 바뀌지 않는 이상 불가능한 일이다.

여드름 때문에 고민이라면 지금이라도 늦지 않았으니 가까운 피부과를 찾아가 보자. 피부과에서 처방해 주는 먹는 약은 피지 억제제(로아큐탄보다 약한 것)의 일종으로 피지 분비를 줄어들게 만들고, 바르는 약은 이미 성난 여드름을 가라앉혀 제거해 준다.

이때 피부는 과도하게 건조해질 수 있으며, 각질로 인해 얼굴이 까칠해져 생기 없는 피부가 되고 만다. 바로 이런 시기에 풍부한 거품의 세안제와 촉촉한 스킨토너, 효과적인 각질 관리 제품, 가볍고 산뜻한 보습제로 손상받은 피부를 회복시키는 것이 여드름 피부의 올바른 스킨케어 방법이다.

여드름 피부가 화장품을 고를 땐 무조건 여드름 전용 화장품을 피해야 한다! 여드름 전용 화장품은 피부를 일시적으로 건조하게 하지만 결과적으로 더욱 지성으로 만들어 여드름이 나기 쉬운 상태가 된다.

지금까지 봐 온 여드름 전용 화장품들은 하나같이 다량의 알코올을 함유하고 있으며, 자극적인 유황이나 멘톨, 아로마 성분들을 첨가해서 피부를 괴롭힌다. 이러한 성분들은 여드름 피부뿐만 아니라 모든 피부에 좋지 않으므로 화장품에서 가장 피해야 할 성분들 1순위다.

부지런하게 성분표를 체크해 보고 피부에 좋지 않은 성분이 함유되어 있지는 않은지 확인하는 습관을 길러야 한다. 나 역시 초기에는 성분표를 따지는 습관 때문에 화장품 판매원으로부터 따가운 눈총도 받았고, 화장품 쇼핑에 많은 시간이 지체되어 얼마나 귀찮았는지 모른다. 하지만 시간이 지날수록 피부는 좋아지고, 지갑은 두꺼워져 결실을 보는 순간도 있었다.

사실 여드름보다 더 열 받고 짜증나는 것은 다름 아닌 여드름 자국과 흉터다. 여기서 자국이란 여드름이 생겼다가 아문 자리에 색소 침착이 일어나 피부색이 얼룩덜룩해진 부위를 말하는데, 성분 구성이 좋은 화이트닝 제품과 피부 각질을 탈락시켜 주는 각질 제거제를 꾸준히 사용하면 눈에 띄는 효과를 볼 수 있다. 하지만 움푹 패 버린 여드름 흉터는 화장품을 평생 쓴다고 해도 개선될 수 없으며, 오직 성형외과나 피부과의 레이저 시술로만 콜라겐 합성을 촉진해서 살이 차오르게 할 수 있다.

결국 여드름 흉터에 효과적이라고 주장하는 화장품이 있다면 100% 새빨간 거짓말이라고 봐도 무방한데, 죽었다 깨어나도 화장품으로는 함몰된 여드름 흉터에 살을 차오르게 할 수 없다.

피부과에 방문하여 전문의로부터 먹는 약과 바르는 약을 처방받는 데 필요한 금액은 대개 1만 원 정도. 처방전을 받아 들고 약국에서 약을 사는 데 필요한 금액은 2만~3만 원 정도이다. 그래서 피부과에 방문할 때는 돈을 조금 넉넉히 가지고 가는 것이 좋다.

이때 유의할 점은 엄청난 말발과 수완을 겸비한 상담 실장님들이 상주하는 피부과에서는 틀림없이 수십만 원에 달하는 여드름 치료 프로그램 가입을 권유하거나 자기 병원 이름으로 만든 화장품을 판매하려 할 것이란 점이다. 그러나 이런 것들은 가볍게 무시해도 좋고, 아무리 금전 사정이 좋더라도 진지하게 고민해 볼 필요가 있다.

피부과 프로그램이 분명 처방전만 받아서 치료하는 과정보다 더 빠른 효과를 볼 수 있긴 하지만, 비용 대비 효율 면에서 큰 차이가 나지 않으니 신중하게 선택해도 늦지 않다. 그리고 병원이나 약국에서 판매하는 화장품은 하나의 유통 채널일 뿐 특별할 게 전혀 없으므로 맹신할 필요가 없다.

2. 스무 살부터 아이크림?

스무 살부터 아이크림을 발라야 된다는 기가 막힌 주장을 과연 누가 퍼뜨렸는지 사이버 수사대에 의뢰해 볼 일이다. 아이크림은 노화를 늦추거나, 주름을 예방할 수 있는 능력이 전혀 없는데도, 눈가 주름 예방, 다크서클 완화, 부기 제거 등 가져다 붙이기만 하면 눈가의 모든 고민을 해결해 주는 만능 해결사처럼 포장되고 말았다.

자신이 사용하는 아이크림에 자외선 차단 지수가 없다면 그저 그런 평범한 보습제나 다름없다. 아이크림에도 선크림처럼 SPF 지수가 포함되어 있어야만 주름과 노화로부터 눈가를 지켜 낼 수 있다. 어떤 아이크림도 처진 눈가의 주름을 끌어올리거나, 다크서클을 연하게 만들고, 부기마저 제거하는 마술을 부리지 못한다.

아이크림이나 아이에센스, 아이세럼, 아이밤, 아이컨센트레이트, 아이젤, 아이스틱 등 눈가와 관련된 모든 제품들은 다른 기초 화장품과 제조 방법이나 성분 구성에 있어서 어떠한 차이도 보이지 않는다. '그래도 눈가 제품이니까 뭔가 다르겠지'라고 생각한다면, 확실히 다른 하나가 있는데, 바로 15㎖라는 작은 용량이 전부다. 눈가 전용 제품이라고 특별 대우하지 말고, 성분을 따져 보고 좋은 제품이면 얼굴 전체나 본인의 취향에 따라 눈가에만 계속 발라 주어도 상관없다.

아이크림뿐만 아니라 수분크림, 영양크림, 데이&나이트크림, 넥크림, 바스트크림, 튼살크림, 핸드크림, 풋크림, 보디크림까지. 와우! 이 많은 크림들 앞에 어떤 명칭이 붙었든 간에 특정 부위에만 사용하란 법은 없다. 애초부터 눈을 위한 전용 크림이나 목을 위한 크림, 가슴이나 튼 살을 지워 내는 크림이란 존재하지 않는다.

핸드크림, 풋크림, 보디크림도 모두 마찬가지이다. 이 세상 어디에도 특정 부위만을 위해 작용하는 화장품 성분이란 존재하지 않기 때문인데, 화장품 성분이 인공지능 나노로봇도 아니고 인체 부위마다 다르게 작용한다니! 말이나 될 법한 소린가.

수분크림을 얼굴에 바르다가 눈가가 건조하다 싶으면 눈가에도 함께 발라서 아이크림처럼 써도 상관없다. 그러다가 목에 바르면 그것이 넥크림이 되고, 손에다 바르면 핸드크림이 된다. 결국 본인의 필요에 따라 신체 부위의 건조한 곳이라면 얼마든지 사용이 가능하다.

아이크림 역시 다채롭게 사용이 가능하지만 용량은, 15㎖밖에 되지 않으므로 어디에 어떻게 사용할 것인가에 대한 문제는 본인의 선택에 달렸다. 스무 살부터 아이크림을 발라야 된다는 주장과 눈가에는 눈가 전용 아이크림을 사용해야 한다는 주장 모두 거짓이다.

3. 한방 화장품과 한방 샴푸의 정체?

화장품에 함유되는 한방 약재의 효능을 여과 없이 수용하는 소비자들을 대신해 한약재 성분들이 피부에서 어떤 효능을 갖는지 알아보고자 관련된 과학적 근거나 연구 결과, 임상적 데이터, 리서치 자료까지 샅샅이 조사해 보았다. 하지만 고작 찾을 수 있었던 것은 한방 성분을 사용하여 제품을 출시한 화장품 회사가 올려놓은 연구 결과(믿을 수 없다)와, 특허 관련 문서(특허는 성분의 효과를 보장하지 않으므로 아무짝에도 쓸모가 없다), 대학원 석사학위논문(공신력이 없다)이 전부였다.

우리나라에서 판매되는 한방 화장품 브랜드는 약 100여 개이고, 아모레퍼시픽의 옛 이름인 태평양에서 1973년에 출시한 '진생삼미'가 최초의 한방 화장품이다. 이 진생삼미는 1997년 '설화수'라는 브랜드로 이름을 바꾸게 되면서 명품 화장품 대열에 합류하여 우리네 어머님들이 가장 선호하는 방문판매 1등 브랜드가 되었다.

설화수를 포함하여 시중에 유통되는 모든 한방 화장품들은 전통 한의서에 나와 있는 처방을 토대로 제조된다. 『동의보감』의 옥용단, 『본초강목』의 자음단이나, 브랜드별로 천정기보단, 활음진, 진액불로정 등 다양한 한방 원료를 조합하여 화장품 성분으로 사용하고 있다.

각각의 한약 성분들이 가지는 효능 효과의 진위를 떠나서 한약 성분들이 사람에게 영향을 미치기 위해서는 필수 옵션이 필요한데, 그것은 경구 섭취를 통해 체내로 들어갈 때 국한된다.

이러한 한약 성분을 피부에 바른다고 해서 우리가 원하는 주름이 펴지거나, 여드름이 제거되고, 색소 침착된 부위가 옅어지는 기능성 효과를 기대하는 건 불가능한 수준이다. 한방 화장품 특유의 약초 냄새와 높은 유분감으로, 만성적인 피부 건조에 시달리는 사람이라면 만족할지도 모른다.

하지만 피부를 촉촉하게 하는 효과는 이 세상에 존재하는 모든 화장품의 기본 효과이자, 사용하는 목적이며, 단순히 촉촉하다는 느낌 때문에 한방 화장품을 사용하는 거라면 가까운 약국에서 파는 3천 원짜리 바세린으로도 똑같은 느낌을 얻을 수 있다.

한방 화장품 중에 미백 기능성, 주름 개선 기능성 인증을 받은 제품들에 대한 오해는 바로잡아야 한다. 이 제품들이 기능성 인증을 받을 수 있었던 이유는 식약청에서 공인한 기능성 성분을 사용했기 때문이지 한방 화장품에 함유되어 있는 특정 한방 원료 때문은 아니다.

결국 한방 화장품은 다양한 콘셉트를 띠는 화장품 종류 중 하나이며, 한약 냄새가 나는 일반 화장품에 속한다고 봐도 무리는 없다. 한국인이기 때문에 한방 화장품이 잘 맞으리란 편견은 통하지 않는다.

한방 샴푸도 한방 화장품과 크게 다르지 않다. TV 광고에서 나오던 '33%의 진실'이라는 한방 샴푸의 성분 함유량 카피만 봐도 그렇다. 대체 무슨 근거로 33%가 함유되면 좋은 샴푸란 말인가. 아예 100% 한방 원료로 만들면 안 되나. 나머지 67%는 무엇으로 이루어졌다는 뜻인지 모르겠지만 한방 샴푸가 주장하는 함유량에 대한 이야기는 아무런 의미도 없고, 객관적인 근거도 없다.

33%가 됐든, 1%가 됐든, 99%가 됐든 퍼센티지와 상관없이 한방 성분이 소량만 첨가돼도 모두 한방 샴푸로 부를 수 있기 때문이다. 더군다나 성분의 일정 함유량이 두피와 모발에 특정한 효과를 낸다고 알려진 바도 없다.

4. 남자 화장품? 여자 화장품?

남자는 남성용 화장품만, 여자는 여성용 화장품만 써야 한다는 관념이 일반적으로 받아들여져 있다. 화장품이 화장실처럼 남녀 구분이 필요한 이유가 있기나 할까?

이 세상 어디에도 남자만 쓸 수 있는 화장품 성분, 여자만 쓸 수 있는 화장품 성분, 특정 성(性)을 위한 화장품 혼합 비율이나 처방 역시 존재하지 않는다. 그러니 남자 화장품, 여자 화장품을 구분하는 것 자체가 완전히 5차원적 발상에서 비롯된다. 군이 남성용, 여성용 화장품을 나눠야 한다면 화장품 내용물이 어떤 모양의 통에 담겨 있는지, 향은 무슨 냄새가 나는지 하는 식의 외관상 이유뿐이다.

대개 여성들은 화장품을 구매하는 데 있어서 이왕이면 예쁘고 세련된 디자인의 패키지에 담긴 제품을 선호한다. 반면에 제품 디자인보다 사용감(향, 흡수력, 발림성 등)을 더 중요하게 여기는 남성들의 제품에는 그럴 필요가 없으므로 단순하고 투박한 디자인으로 만들어진다.

향에 민감한 여성들은 플로랄 계열의 꽃향기나 아로마 오일의 허브향, 아니면 어떠한 냄새도 나지 않는 무향 화장품같이 특정한 향취가 화장품을 구매하는 데 많은 영향을 끼친다. 하지만 남자 치고 이런 향을 좋아할 사람이 얼마나 될까?

남성에게 판매할 이른바 남성용 화장품에서 꽃향기가 난다면? 그래서 남성용 화장품에는 아빠 스킨 냄새 같은 진하고 고약한 냄새가 난다. 비교 끝. 잇츠 오버. 이게 남성용, 여성용 화장품 차이점의 전부다.

그래도 남녀의 피부 두께가 다르니까 성분 말고도 혼합 비율이나 처방에서 차이가 날 것이라고 주장할 수 있다. 그 예로 여성용 화장품에 유분이 더 많고, 남성용 화장품에 알코올이 더 많다는 말을 꺼내는데 이것처럼 상대적이고 무책임한 말도 없다.

단순히 유분과 알코올의 함유량만 가지고 남녀 화장품을 구분한다는 것은 카카오 함유량만 보고 어떤 초콜릿이 진짜 초콜릿이냐를 따지는 것과 다를 바 없다. 오일프리(Oil Free)를 표방하는 대부분의 화장품은 여성용 화장품에 압도적으로 많으며, 크리니크(Clinique)의 여성용 스킨토너인 클래리파잉 로션(Clarifying Lotion)은 '소주스킨'이라는 애칭이 있을 만큼 알코올과 멘톨 함유량이 그 어떤 남성용 애프터쉐이브 로션을 초월할 정도다.

남성이 여성용 화장품을, 여성이 남성용 화장품을 쓰는 것은 전혀 이상한 일이 아니다. 남자라면 누구든지, 본인이 원하면 여성용 화장품을 마음껏 사용해도 무방하다. 그러나 자신의 피부타입에 맞는 화장품을 골라야 한다는 전제 조건을 간과해서는 안 된다.

5. 스킨의 힘을 믿으세요?

영화배우 전지현 씨의 긴 머리가 찰랑거리며 파란색의 기다랗게 잘 빠진 라네즈(Laneige)의 스킨 광고를 본 적이 있다면 '스킨의 힘을 믿으세요'라는 카피와 함께 등장한 '파워 에센셜 스킨'도 기억할 것이다.

이 제품은 출시된 2006년 한 해 동안만 52만 개나 팔렸는데 이를 계산하면 20초에 1개씩 팔린 셈이다. 실제로 지성 피부나 복합성 피부와 같이 자체 피지로 인해 보습제가 부담스러운 사람에게는 스킨에 함유된 보습 성분만으로도 충분한 수분 공급이 이루어지므로 스킨 하나만 잘 사도 성공한 화장품 쇼핑이 될 수 있다.

스킨(Skin)은 '피부'라는 영어 단어지만 우리나라만큼은 화장수라는 뜻으로 통용되고 있다. 스킨은 토너(Toner)나 로션(Lotion)이라고 불러야 올바른 표현이다. 그러나 대부분의 사람들은 화장수를 '토너'라고 말하면 무슨 제품인지 몰라 하고, '로션'이라고 말하면 유액의 보습제를 떠올린다.

화장수를 스킨이라고 부르는 이유는 스킨로션(Skin Lotion)과 밀크로션(Milk Lotion)에서 파생되었는데, 1990년대 화장품 회사들이 출시한 '스킨로션 2종 세트'의 낱개 제품을 부르는 말 중에 '스킨로션'에서는 '로션'이, '밀크로션'에선 '밀크'가 생략되어 남은 단어들이 짧게 사용된 것으로 보인다.

토너를 사용할 때는 반드시 화장솜을 이용하여 닦아 내듯 발라 주어야 한다. 물이 90% 이상 차지하는 스킨토너를 손으로 바른다면 수돗물을 떠다가 바르는 것이나, 토너를 바르는 것이나 어떠한 차이도 없기 때문이다. 토너를 바르는 이유는 클렌징 후에도 남아 있을지 모르는 메이크업 잔여물과 노폐물을 닦아 내기 위한 것으로 일종의 클렌징의 연장선이라고 볼 수 있다.

근래에는 에센셜 토너라는 제품의 출시로 농도가 높은 에센스 타입의 토너가 판매되고 있지만 화장솜에 적셔지지 않는 겔 타입의 토너라면 토너로 보지 말고 에센스로 분류해야 한다. 토너는 화장솜에 묻혀 피부 결대로 닦아 내듯 발라 주어야 얼굴 전체에 고르게 발린다.

많은 남성들이 TV에 나오는 남자 배우들처럼 스킨토너를 바르는 경향이 있는데 그중에 반절은 바닥에 쏟아질 뿐이다. 이런 남성을 위해 화장솜을 선물하는 센스 넘치는 여자친구가 되어 보자!

6. 안전한 식물 성분, 위험한 화학 성분?

천연, 유기농 화장품에 매료된 사람들의 말을 들어 보면 미네랄 오일이나 합성 방부제, 계면 활성제가 모든 피부질환의 원인이고, 발암 물질이며, 이 세상 모든 악의 근원인 것처럼 취급한다.

그들은 화학 성분으로 만든 화장품은 몽땅 쓰레기통에 가둬 버리고, 유기농 성분이 함유된 오가닉 화장품이나 천연 화장품으로만 화장대를 점령하려는 군인들 같다. 과연 이들의 주장처럼 유기농이나 식물 성분은 안전하고, 화학 성분은 위험한 것일까.

식물 성분 역시 화장품에 함유되는 순간 산화하고, 부패해서 오염되기 시작한다. 그걸 막기 위해 합성 방부제를 필요로 하게 되는데, 천연, 유기농 화장품 브랜드들은 합성 방부제 대신 천연 방부 시스템을 적용했다고 자랑스럽게 광고한다.

그러나 천연 방부제는 화장품의 성분을 안전하게 보존하는 데 수명이

지극히 짧다는 단점이 있다. 그래서 유통기한도 짧고, 가격이 비싸며, 온도 변화에 민감해 조금만 더워도 곰팡이가 슬고, 조금만 추워도 내용물이 얼거나 분리되는 현상이 발생한다. 제품에 따라서는 냉장 보관해야 하는 불편함도 있다.

유럽의 유기농 브랜드들은 대체로 까다롭고 수준 높은 인증기관의 테스트를 통과해서 출시된다. 그런 점에서 어느 정도 안심하고 사용할 수 있겠지만 인증기관마다 함유량에 대한 기준치와 인식하는 견해가 달라 국제 표준은 없는 실정이다.

식물성 화장품은 어떨까? 시중에 판매되는 일반 화장품 중에는 식물 성분이 함유되어 있다고 광고하는 브랜드들이 셀 수 없이 많다. 대체 얼마나 몇 퍼센트가 함유되어 있어야 식물성 화장품이라고 부를 수 있단 말인가? 식물 성분이 30% 이상 함유되면 좋은 제품일까? 적어도 반절 이상인 60%는 함유되어야 하지 않을까? 그렇다면 각각 나머지 70%와 40%의 성분은 화학 성분이어도 괜찮단 말인가?

이 문제에 정답이란 없다. 식물 성분이 안전할 수도 있고, 그렇지 않을 수도 있으며, 화학 성분이 안전할 수도 있고, 그렇지 않을 수도 있다. 대부분의 천연, 유기농 화장품에 첨가되는 방향성 허브 아로마 오일은 피부에 심각한 문제를 일으킨다.

반면에 피부를 진정시키고 항산화 효과를 주며, 문제를 해결하는 식물 성분도 굉장히 많다. 화학 성분 중에는 모공을 폐쇄시키는 유분감 높은 성분이 있는가 하면, 박테리아를 죽이거나, 피지를 효과적으로 흡수해서 피부를 뽀송뽀송하게 만들어 주는 좋은 성분들이 많이 존재한다.

7. 명현 현상?

"고객님~ 이 제품은 천연 성분으로 만들어졌기 때문에 초기 사용 시 명현 현상이 발생할 수 있으세요. 그럴 경우 사용을 잠시 멈추셨다가 다시 바르시면 괜찮아지니 안심하고 사용하세요."

화장품 초기 사용 시 나빠졌다가 다시 좋아지는 현상을 화장품 회사는 매우 긍정적으로 해석한다. 하지만 다시 좋아질 거라는 희망을 가지고 나빠진 상태를 방치하게 되면 상황이 더욱 악화될 수 있으므로 즉시 사용을 중단해야 한다.

한의학적 관점에서 명현 현상을 설명하는 것은 매우 복잡한 과정이므로 아무 곳에다 갖다 붙일 수 있는 증상이 아니다. 이것은 한방 치료 중에 '호전되다가 일시적으로 악화되는 상태'를 일컫는데, 전통 한의학에서 대대로 전수되는 의학 개념이 아닌 18세기 일본의 의학자가 확립한 것으로 알려져 있다. 명현 현상의 유래는 중국의 사서삼경 중 하나인 서경(書經)에서 "만약 약을 복용한 후 명현 현상이 보이지 않으면 그 병은 낫지 않는다"에서 처음으로 등장했다.

천연, 유기농 화장품이나 고농축 화장품이라고 광고하는 제품들을 쓰다가 갑자기 피부가 나빠지는 현상은 독소 배출 따위와 전혀 관계가 없다. 피부가 좋아지려고 워밍업하는 단계도 결코 아니다.

화장품에 있어서 명현 현상이란 증명할 수 없는 모순 중 하나인데, 피부는 외부 환경으로부터 인체를 보호하기 위해 가장 먼저 반응하는 첫 번째 방어 기관이다. 그런 피부에서 나오는 사인들은(염증이나 가려움, 붉어

짐) 지금 상태가 좋지 않다는 신호이며, 화장품에 함유된 특정 성분으로부터 자극 반응을 보이고 있다는 증거이다.

명현 현상을 앞세우며 반품을 거절하는 화장품 회사가 있다면 무지함에서 나온 억지 해석인지 의심해 봐야 한다.

명현 현상을 화장품 회사가 피부와 화장품 사이에 끼워 맞추기 식으로 가져다 붙인 것이 애초부터 화근이다. 화장품이 보약도 아니고 명현 현상을 거쳐야만 피부가 좋아진다는 논리는 앞뒤가 맞지 않는다.

만약 평소에 잘 사용하는 제품에서 피부 트러블이 발생했거나, 처음 접하는 제품에서 트러블 반응이 생겼다면 즉시 사용을 중단하고 피부과 전문의로부터 적절한 처치를 받는 것이 중요하다. 지금 일어나고 있는 현상은 절대 명현 현상이 아닌 부작용일지도 모르기 때문이다.

8. 정말 의사가 만들었을까?

어떤 피부과 전문의나 성형외과 전문의도 직접 화장품을 만들거나, 화장품 제조 처방에 관여하지 않는다. 하루에도 수백 명씩 찾아오는 환자를 진료하기도 바쁜데 자신들의 전공 분야도 아닌 화학까지 손댈 시간이 있기나 할까?

결국 자신의 이름이나 병원 이름만 빌려 주는 것이 전부일지 모른다. 이분들이 만든 의약화장품이라고 불리는 코스메슈티컬(Cosmeceutical) 제품들은 우리가 흔히 사용하는 일반적인 화장품과 동일한 공정에서 생산된다. 결국 특별할 게 전혀 없다.

의약화장품의 콘셉트를 잡고 마케팅을 적용하여 판매하는 모든 업무는 화장품 회사 직원들의 몫이다. 이들은 책상에서 화장품을 제조하는

OEM 회사로부터 샘플을 받아 의약품은 아니지만 의약품 느낌이 나도록 디자인해 줄 것을 요청하고, 내용물도 일반 화장품에서 동일하게 사용되는 성분들로 생산 오더를 넣는다. 이 프로세스 가운데 의사 선생님들이 할 수 있는 일이 무엇일지 상상해 보라.

미국피부과학회(AAD)에 의하면 "의약화장품이라고 불리는 제품들은 정부의 어떠한 규제도 받지 않고 있으며, 의약품이라는 카테고리에 속하지도 않는 평범한 제품이므로 마치 효과가 있는 것처럼 특별하게 광고해서는 안 된다"라고 지적하고 있다.

뿐만 아니라 화장품에는 의약 성분이 절대 첨가될 수 없고, 함유시켜 판매하는 것도 완전히 불가능하므로 의약화장품이라는 단어는 무의미하며, 이것은 100% 마케팅 용어에 불과하다. 단지 성분표를 따져 보고 본인의 피부 상태에 따라 적합한 제품을 고르면 그만이다.

9. SPF가 높을수록 좋나?

우리나라가 적도 부근에 위치한 열대 우림도 아닌데, SPF 50도 모자라 SPF 100짜리 선크림을 찾는 사람들이 있다. SPF(Sun Protection Factor) 지수가 높으면 높을수록 좋을 거라는 생각은 이 지수를 잘못 이해하는 데서 비롯된다.

자외선은 창문의 유리까지 뚫고 들어와 피부를 태우는 UVA, 홍반을 발생시키는 UVB, 오존층에 흡수되어 사라지는 UVC로 나뉜다. UVA는 긴 파장으로 침투력이 높고, 아침부터 해 질 때까지 자외선의 강도가 동일하므로 피부 광노화를 언급할 때 해당하는 자외선이다.

차량 운전자의 왼쪽 손이 오른쪽 손보다 비교적 주름지고 색소 침착이 잘 일어나는 것도 UVA가 차창까지 통과해서 데미지를 주기 때문이다. UVB는 유리창을 통과하지 못해 낮 시간 동안 활동적이지 않다면 크게 영향을 받지 않는다. UVC는 오존층에서 제거되므로 무시해도 좋다.

SPF 지수란 무엇이고 얼마만큼의 숫자를 골라야 적당할까? SPF 지수는 차단 강도와 시간을 동시에 의미하는데, 대한피부과학회에 따르면 SPF 15는 자외선을 차단하는 효과가 93%이며, SPF 1당 15분으로 환산했을 시 약 3~4시간 동안 자외선을 막아 줄 수 있다고 한다. SPF 30은 차단율이 97%로 약 7~8시간 동안 지속된다. 하지만 SPF 지수가 높으면 높을수록 피부가 받는 자극도 비례한다.

물리적 자외선차단제에 함유되어 있는 활성 성분(이산화티탄=티타늄디옥사이드, 산화아연=징크옥사이드)들은 피부에 흡수되지 않고 각질층 위에 떠 있는 상태로 자외선을 튕겨 낸다. 그래서 땀이나 물, 각종 마찰에 의해 닦여 나갈 수 있으므로 틈틈이 덧발라 주어야 한다.

자외선차단제의 효과적인 사용 방법은 SPF 지수가 20~30의 선크림을 골라 3~4시간마다 덧발라 주는 것이 가장 좋다. 아침 출근할 때와 점심 식사할 때만 외출하는 직장인이라면 SPF 15의 선크림을 사용하고, 중간에 한 번만 덧발라 줘도 자외선 데미지를 막아 낼 수 있다.

SPF 지수와 더불어 중요한 PA(Protection grade of UVA) 지수는 UVA 차단 지수로서 더하기 모양(+)으로 표기된다. 더하기 모양이 1개 붙어 있으면 2배 차단, 2개 붙어 있으면 4배 차단, 3개 붙어 있으면 8배로 차단해 준다. 무조건 더하기 모양이 많은 것이 장땡!

자외선차단제는 외출 30분 전에 도포하는 것이 좋다. 이는 자외선 차단 성분들이 피부에서 활성화되는 데 약간의 시간을 필요로 하기 때문이다. 얼굴 1회 사용 적정량은 1mℓ로 100원 동전 크기와 비슷하다.

만약 시중에서 판매하는 30mℓ 선크림을 사용하고 있다면 한 달 안에 모두 소진되어야 정상이다. 30mℓ 선크림을 한 달 넘게 쓰고 있다면 사용량을 늘릴 필요가 있다. 더불어 방수 기능(Waterproof)을 가진 선크림이라도 물에 들어갔다 나오면 꼭 덧발라 주어야 한다.

스킨케어 솔루션!

1. 주름

Q. 주름진 피부를 팽팽하고, 탄력 있게 만들 수 있나요?
A. 화장품으로는 불가능하지만 피부과나 성형외과 시술의 도움을 받으면 가능합니다.

주름의 가장 큰 원인은 의심의 여지없이 자외선 때문이다. 자외선이 피부 진피층에 있는 콜라겐과 엘라스틴을 파괴하면 피부 표피만 처진 상태로 늘어지기 때문에 주름이 발생한다. 주름진 피부를 팽팽하게 만드는 방법은 굉장히 간단하다. 파괴되어 없어진 콜라겐과 엘라스틴을 대신하여 다른 무언가로 대체하거나, 늘어진 피부를 잡아당기면 되기 때문이다.

이 모든 방법은 피부과나 성형외과 시술의 도움이 필요하다. 주름진 피부 주위의 근육을 마비시키는 보톡스나 보형물을 주입하는 레스틸렌, 테오시알, 아테콜과 같은 시술들은 수십 년에 걸쳐 그 안전성과 효능을 인

정받아 왔고 근래에는 가격적인 면에서도 부담이 없어 누구나 쉽게 시술받을 수 있다. 대신 부작용의 우려가 있으므로 반드시 검증된 피부과나 성형외과 전문의의 시술 아래 행해져야 한다.

화장품의 어떠한 성분도 진피층까지 도달하여 콜라겐과 엘라스틴을 대체하지 못하므로 주름 개선 화장품을 사용할 때는 큰 기대를 하지 않는 것이 정신 건강상 좋다. 미세한 잔주름과 같이 피부 건조로 발생하는 주름이라면 안티 에이징 제품이나 성분 구성이 훌륭한 보습제 사용으로 개선될 수 있다.

기능성 제품의 경우 레티놀이나 아데노신, 아미노산의 한 종류인 펩타이드 성분이 함유되어 있는 에센스 제형의 제품을 사용하고, 건조함을 느끼면 추가로 보습제를 발라 준다. 다음 날 아침 자외선차단제를 잊지 말고 챙겨야 효과를 지속시킬 수 있다.

2. 여드름과 흉터

Q. 여드름이 생겼는데 어쩌면 좋죠?
A. 가급적 염증을 짜내서 압력을 낮춰 주고, 사후처치를 꼼꼼히 해 주세요.

집에서 혼자 여드름을 짜는 것은 좋은 방법이 아니지만, 염증을 짜서 면포와 피를 빼내 압력을 낮춰 주는 것은 여드름이 빨리 아물도록 도와준다. 소독용 알코올(약국에서 1,000원에 판매)을 묻힌 면봉 2개로 부드럽게 밀어 올리듯 짜 준다. 짜도 나오지 않는 여드름을 억지로 짜게 되면 움푹 팬 흉터가 생길 수 있으므로 살짝 눌러 준다는 느낌으로 가볍게 짠다.

노란 염증이 제거된 여드름 부위에는 차가운 얼음이나 생 알로에를 잘라 올려 두면 진정되고, 하이드로콜로이드 패치(듀오덤, 메디덤, 소마덤 등)를 부착하면 딱지가 생기지 않고 아문다.

짜도 나오지 않는 단단한 여드름의 경우 두통약으로 자주 쓰이는 아스피린을 활용해 보자. 알약 형태의 아스피린을 가루로 빻아서 물 한 방울과 섞어 크림타입으로 만든다. 자기 전에 트러블이 생긴 부위에 얇게 발라주고 다음 날 깨끗하게 씻어 내면 진정 효과가 뛰어나다. 아스피린의 주성분인 살리실산의 박리 효과를 이용한 것으로 얼굴 전체에 팩처럼 발라서 30분 후에 씻어 내도 효과가 좋다.

3. 각질

Q. 피부가 푸석푸석하고 입 주변에 각질이 많은데 수분크림을 아무리 발라도 소용이 없어요.

A. 보습제의 지나친 사용을 자제하고 흑설탕이 함유된 스크럽을 써 보세요.

각질 제거 제품 중 알갱이가 들어 있는 스크럽제의 사용은 피하는 것이 바람직하다. 물론 스크럽제만큼 각질을 효과적으로 탈락시키는 제품도 없지만 알갱이의 특성상 물로 러빙할 때와 헹궈 낼 때 문제가 발생한다.

얼마나 균일한 힘으로 피부를 마사지하느냐에 따라 부위별로 각질이 제대로 탈락되지 않을 수 있으며, 무리하게 힘을 주면 미세 상처를 남겨 감염을 유발할 수 있기 때문이다.

살구 씨나 호두 껍질, 플라스틱 알갱이처럼 물에 녹지 않는 스크럽제는 물로 헹궈 낼 때 알갱이가 눈에 들어가면 각막 손상의 우려가 있으므로 물에서 녹아 없어지는 흑설탕 스크럽을 사용해 보자. 흑설탕은 보습력도 좋고, 각질 제거 효과도 탁월해서 금세 매끈해지는 촉촉한 피부가 된다.

스크럽 후에 알코올 성분이 함유된 제품은 절대 사용 금물! 산뜻한 수분 에센스를 듬뿍 발라 피부를 진정시켜 준다.

추천 아이템!

[토소움] 블랙 슈가 페이셜 스크럽 160g/ 23,000원

[엘리샤코이] 밀크 카카오 블랙 슈가 스크럽 70g/ 22,000원

[스킨79] 스위트 허니 슈가 스크럽 100㎖/ 13,000원

[클레어스] 젠틀 블랙 슈거 페이셜 폴리쉬 60g/ 20,800원

[프레쉬] 슈가 페이스 폴리쉬 125g/ 102,000원

4. 켈로이드

Q. 여드름은 아닌 것 같고, 피부가 막 부풀어 오르는데 이건 뭔가요?
A. 켈로이드 질환일지 모르니 피부과 전문의와 상의하세요.

켈로이드 피부는 아토피 피부염만큼이나 난치성 질환에 속한다. 치료를 시작해도 꾸준한 인내심이 없으면 중간에 포기해 버리기 쉽다. 켈로이드는 피부에 상처가 생겼을 때 아무는 과정에서 필요 이상으로 콜라겐 섬

유가 증식하여 부풀어 오르는 상태를 말한다.

치료 방법으로는 외과적 수술이나 레이저, 스테로이드를 병변에 직접 주사하는 방법이 있지만, 수술이나 레이저를 통해 피부를 깎아 내면 동일 부위에 상처가 생겼다가 아물게 되면서 또다시 재발하는 악순환이 반복되므로 현재로서는 마땅한 치료법이 없다. 단순히 부풀어 오른 병변 부위에 스테로이드를 직접 주사하는 치료가 최선으로 여겨지고 있다.

켈로이드 피부의 가장 시급한 문제는 피부에 상처가 생기지 않도록 관리하는 것이다. 하지만 켈로이드 피부 질환자 중 상당수가 여드름 질환을 함께 가지고 있는 경우가 많아 문제는 더욱 심각해진다. 이럴 경우 절대 여드름 전용 화장품을 사용해서는 안 되며, 피부과 전문의를 통해 켈로이드와 여드름 치료를 동시에 시작해야 한다.

5. 피지와 모공

Q. 모공이 완전 대문짝만 한데 줄일 수 있는 방법이 뭔가요?
A. 한 번 늘어진 모공은 다시 좁아지기 어려우니 더 넓어지지 않도록 관리해 주세요.

모공은 창문이 아니다. 열었다, 닫았다 할 수 있는 게 아니라는 뜻이다. 한 번 늘어진 모공의 크기는 화장품으로 줄이지 못한다. 다만 더 넓어지지 않도록 예방하는 것이 중요한데, 모공을 화장품이 들어가는 입구로 착각해서 이것저것 바르게 되면 피지가 나올 출구는 좁아지게 되므로 모공 확장은 계속된다.

그러므로 피지가 원활하게 배출될 수 있도록 화장품 사용을 줄이고, 에센스와 같은 수분 타입의 제품을 사용한다. 모공의 크기를 작게 할 수 있는 방법은 피부과적 레이저 시술밖에 없으므로 모공 전용 화장품은 가볍게 웃어넘기자.

피지를 컨트롤하는 화장품이란 존재하지 않는다. 피지는 외부에서 발라지는 화장품에 의해 그 양이 조절되지 않으며, 호르몬에 의해 피지샘에서 정해진 양이 하루 종일 지속적으로 배출될 뿐이다.

틈날 때마다 수시로 기름종이를 이용하여 피지를 제거하는 것만이 유일한 방법이다. 피지와 모공이라는 두 마리 토끼를 잡는 데 기름종이는 굉장히 효과적이다. 기름종이는 여분의 피지를 흡수해 피부를 뽀송뽀송하게 만들어 주며, 수분은 그대로 남겨 두기 때문에 피부는 산뜻해지고, 모공도 더 이상 넓어지지 않는다.

◯ 추천 아이템!

[DHC] 오일 컨트롤 페이퍼 200매 / 8,500원

6. 다크서클

Q. 다크서클이 무릎까지 내려왔는데 효과 좋은 아이크림 추천해 주세요.
A. 아이크림은 다크서클을 없애 주지 못하므로 생활환경을 개선해 보세요.

사람들은 백이면 백, 다크서클을 지워 내는 데 있어 아이크림을 문제 해결의 정답으로 오해하고 있다.

효과적인 미백 성분과 자외선 차단 성분이 함유되어 있는 아이크림이라면 자외선으로 생긴 색소 침착형 다크서클에는 어느 정도 효과를 발휘

할 수 있다. 하지만 눈 밑에 볼록하게 튀어나온 지방 주머니와 핏줄이 보일 만큼 얇은 눈가 때문에 생긴 경우라면 아무리 아이크림을 발라도 소용없다. 왜냐하면 아이크림의 어떤 성분도 볼록 튀어나온 지방 주머니를 줄여 주거나, 그 반대로 꺼져 있는 얇은 눈가 피부 속을 채워 주지 못하기 때문이다.

자신의 다크서클이 어떤 연유로 생겼는지를 먼저 알아야 개선할 수 있다. 스트레스나 피곤, 수면 부족이 원인이라면 물을 많이 마시고, 충분한 수면과 술, 담배를 피하면 수일 내로 밝아질 수 있다.

원활한 혈액 순환과 신진대사를 위해 정기적인 운동을 하면서 비타민이 많이 함유된 음식을 섭취하는 것도 도움이 된다. 대표적으로 연어와 브로콜리가 다크서클에 효과적이라고 알려져 있다. 하지만 우습게도 어느 정도의 양을, 언제까지 먹어야 되는지 아무도 모르고 기준도 없다.

7. 면도

Q. 면도가 서툴러서 잘 안 되는데 특별한 스킬이 있나요?
A. 수염이 나는 반대 방향으로 면도를 해 보세요. 깨끗하게 절삭됩니다.

제대로 된 면도를 시작하기에 앞서 자신한테 맞는 면도기가 무엇인지부터 알아야 한다. 면도기는 습식 면도기와 건식 면도기로 나뉘는데 습식 면도기는 우리가 가장 많이 사용하는 날 면도기로 쉐이빙 폼이나 비누 거품을 내어 면도할 때 사용하는 제품이다.

불과 몇 년 전만 해도 2중 날이 전부였던 날 면도기의 발전은 현재 6중 날 면도기까지 판매되고 있을 만큼 빠르게 업그레이드되고 있다. 날 면도기의 강점은 피부에 가장 가깝게 밀착하여 수염을 절삭하므로 깨끗하고 매끈한 면도가 가능하다. 그러나 조금이라도 잘못 휘두르면 턱 주위에 금세 피가 나는 단점을 가지고 있다. 게다가 피부를 보호하는 가장 바깥층인 각질층을 긁어내므로 직접적인 손상이 일어나 세균 감염으로 인한 모낭염 및 피부염을 유발할 확률도 높다.

이러한 약점을 보완한 것이 건식 면도기인데, 건식 면도기는 전기면도기를 말한다. 피부에 아무것도 바르지 않은 건조한 상태에서 면도를 할 수 있는 제품으로 매우 빠르고, 간편하게 사용할 수 있고, 각질층을 손상시키지 않으며, 여드름 피부라도 안심하고 면도가 가능하다.

그러나 피부에 완전히 밀착하여 수염을 절삭하는 방식이 아니므로 습식 면도기보다 그 효율성이 떨어진다. 가전제품이라는 특성상 고가의 가격대도 부담스럽게 여겨진다.

습식 면도기로 면도하기 위해서는 먼저 수염이 잘리기 쉬운 상태가 되도록 만들어 주어야 한다. 면도할 부위에 따뜻한 물을 충분히 묻혀 피부가 연해지고 날이 지나갈 수 있을 만큼 부드러워진 상태가 되면 쉐이빙 폼을 이용하여 거품을 내어 면도 부위에 고르게 발라 준다.

비누 거품은 쿠션 작용을 하는 윤활 성분이 없어 쉽게 상처가 생기므로 피하도록 한다. 여기까지 준비가 되었다면 면도기를 거꾸로 잡은 채 아래에서 위로 쉐이빙 폼의 거품을 걷어 낸다는 느낌을 가지며 올려 준다. 털이 나는 반대 방향으로 면도를 하는 것은 깨끗한 면도를 위한 매우 효과적인 방법이다.

이러한 동작을 한두 차례 반복한 후 면도기를 흐르는 물에 충분히 헹구어 내고 다른 부위로 옮겨 재차 면도한다. 이때 면도 거품이 사라진 부위에는 날 면도기가 다시 지나가지 않도록 주의한다.

다음으로 면도기를 세워 올바른 방향으로 잡고 위에서 아래로 내려
주는데 이것은 털이 나는 정방향대로 면도해 주는 것이다. 털은 피부 부위
마다 나는 방향이 제각각이므로 역방향과 정방향으로 모두 쓸어 주어야
깨끗하게 면도할 수 있다. 역방향을 먼저 해 주는 것이 나중에 정방향으로
쓸어 주었을 때 절삭되지 못한 수염만을 선택적으로 커팅할 수 있어 더 효
과적이다.

콧수염 부위의 면도는 윗입술을 입 안쪽으로 팽팽하게 당겨 아래에서
위로만 올려 주는 단일 동작을 2~3회 반복하고 면도기를 흐르는 물에 깨
끗하게 헹구어 낸다. 여기까지 끝이 났다면 면도한 모든 부위를 클렌징 폼
을 이용하여 깨끗하게 씻어 낸다.

건식 면도기는 특별히 어떤 동작이나 테크닉을 필요로 하지 않는다.
어떻게 사용하든 큰 무리 없이 면도를 할 수 있으나, 면도기 본체에 힘을
과하게 주고 피부에 밀착시킬 경우 회전 날에 의해 피부가 벌게질 수 있으
므로 가볍게 쥔 상태로 사용한다.

8. 입술과 발뒤꿈치

Q. 입술과 발뒤꿈치가 쉽게 갈라져서 피가 나요.
A. 약국에서 파는 3천 원짜리 바세린을 활용해 보세요.

바세린(Vaseline Petroleum Jelly)은 미국의 화학자 로버트 체스브로우(Robert A.
Chesebrough)가 연구차 유전에 방문했다가 그곳 사람들이 석유 찌꺼기를 가지
고 상처 치유에 활용하는 것을 보고 상비약인 연고로 만든 데서 기인한다.
색슨어로 물을 뜻하는 바소르(Wasser)와 그리스어로 기름을 뜻하는 오레온

(Oleon)을 합하여 만든 브랜드명이 바세린인 것이다.

바세린은 독성이 없고 인체에 무해하나 경구 섭취했을 경우 구토, 복통, 설사를 유발한다. 그러나 입술에 바르는 경미한 양을 무의식적으로 먹었을 때는 크게 이상이 없다. 상처 회복과 치유에 도움을 주고 화상, 짓무름, 건선에도 효과적이다.

이 바세린을 입술이 틀 때마다 수시로 발라 주는 것이 가장 좋지만 찝찝한 느낌 탓에 입술에 발라 놓기가 부담스럽다면 자기 전에 도톰하게 펴바른 후 다음 날 아침 휴지로 닦아 내면 하루 종일 촉촉한 보습력이 유지된다. 잠자는 동안 뒤척여 이불이나 베개에 묻지 않도록 조심하는 건 본인의 능력에 달렸다.

여기서 잠깐!

바세린에 알레르기가 있거나 건조하지 않은데 필요 이상으로 입술에 바를 경우 수포가 형성될 수도 있으므로 사용량 조절에 신경 써야 한다. 이럴 경우 사용을 중단하면 정상으로 돌아오며, 바세린 대신 꿀을 사용하면 약하지만 비슷한 효과를 낼 수 있다.

발뒤꿈치에 딱딱하게 굳은살이 박힌 상태를 각화증이라고 하는데 수분이 부족해서 갈라지고 피가 나므로 발뒤꿈치 역시 바세린으로 관리하는 것이 도움이 된다.

먼저 미지근한 물에 발을 담가 불린 후 전용 버퍼로 부드럽게 밀어낸다. 이때 물에 불리지 않은 상태에서 커터 칼이나 손톱깎이 등으로 잘라 낼 경우 감염이나 큰 상처가 날 수 있으므로 물에 불린 상태에서 전용 버퍼를 이용하는 것이 바람직하다. 버퍼로 각질을 밀어낸 뒤 바세린을 발라 랩이나 1회용 주방 비닐로 감싼 후 양말을 신고 잠자리에 들면 촉촉한 발뒤꿈치를 유지할 수 있다.

추천 아이템!

[유니레버] 바세린 인텐시브 케어 퓨어 페트롤리움 젤리 100g/ 3,000원

9. 튼 살과 셀룰라이트

Q. 셀룰라이트와 튼 살을 제거하는 좋은 방법이 있나요?

A. 셀룰라이트는 제거해야 할 대상이 아니며, 튼 살은 AHA 성분이 함유된 제품으로 효과를 볼 수 있어요.

피부 표면에 울퉁불퉁하게 나온 셀룰라이트(Cellulite)를 수분 정체나 혈액, 림프순환 장애로 생긴 돌연변이로 취급해가며 제거 대상으로 삼는 사람들이 있다. 셀룰라이트가 미관상 보기 좋지 않을 수 있지만 이것은 셀룰라이트의 본질을 완전히 오해한 것에서 비롯된다. 셀룰라이트는 대부분의 여성이 가지고 있는 지방이 뭉쳐져 돌출되는 현상을 말하는데, 이것을 일반 피하 지방과 다른 것으로 간주하는 순간 문제가 시작된다. 셀룰라이트와 상관없이 지방이 한 손으로도 두둑하게 잡히는 부위(복부나 옆구리)를 셀룰라이트가 없어진다고 주장하는 방법들로 관리를 한다고 가정했을 때 상당한 시간이 흐른 다음 우리가 얻을 수 있는 결과는 무엇일까? 과연 그러한 방법들로 몇 인치, 몇 센티미터의 지방이 감소됐다고 자신 있게 말할 수 있을까?

단순히 슬리밍 제품이나 마사지만으로도 셀룰라이트가 제거되고, 지방이 감소될 수 있다면 대체 비만 인구는 왜 자꾸 늘어만 간단 말인가? 사

람들이 집에서 마사지를 하지 않아서일까? 슬리밍 제품을 안 발라서일까? 이것은 지방의 분해와 대사 과정을 모르는 무지함에서 나온 착각에 불과하다. 운동이나 지방 흡입의 도움 없이 살을 만져주는 것만으로, 슬리밍 제품을 바르는 것만으로 조금의 지방이라도 감소되고 셀룰라이트가 없어진다면 나조차 지금 하고 있는 일을 제쳐두고 슬리밍 제품들로 마사지를 하고 있어야 할 판이다. 하지만 안타깝게도 나는 이 지긋지긋한 지방으로부터 탈출하기 위해 하루도 거르지 않고 매일 운동을 하고 있다. 마사지나 화장품 따위로 셀룰라이트를 제거하려 든다면 정답 없는 문제를 계속 풀게 되는 것과 다를 바 없다.

셀룰라이트를 처치하는 가장 좋은 방법은 그냥 받아들이는 것이다. 울퉁불퉁하게 피부 위로 돌출되는 이 현상은 운동 후에도 여전할 수 있으며, 지방 흡입이나 기타 외과적 시술을 거쳤다고 해도 인체의 지방 축적 과정으로 인해 다시 생길 가능성이 짙기 때문이다.

피부가 순간적으로 팽창하면 표피의 결합층이 뜯어지면서 생기는 튼 살(Stretch Mark)은 초기에는 붉은 빛이었다가 점차 흰색으로 바뀌며 길게 띠를 형성한다. 초기 붉은빛일 때 피부과에서 레이저 치료를 받으면 거의 없앨 수 있지만 흰색으로 정착되면 개선이 어렵다.

임산부, 성인 비만, 무거운 짐을 자주 들거나 심한 근육 운동을 하는 사람들에게서 자주 볼 수 있는데 이미 생긴 튼 살을 효과적으로 제거하려면 비타민 A의 산(Acid) 형태인 트레티노인(Tretinoin)이 함유되어 있는 제품을 바르거나 글리콜릭산(Glycolic Acid, AHA)이 함유되어 있는 바디 로션을 사용한다. 완벽한 제거가 어려운 만큼 처음부터 튼 살이 생기지 않도록 관리를 잘 해주어야 한다.

성공하는 화장품 쇼핑!

1. 클렌저

　메이크업을 하는 여성이라면 화장을 지워 내는 1차 클렌저(클렌징 오일, 클렌징 크림, 클렌징 로션, 클렌징 젤 등)와 잔여감을 씻겨 주는 2차 클렌저(클렌징 폼)가 반드시 필요하다.

　메이크업을 하지 않는 남성이라면 1차 클렌저가 필요하지 않지만 비비크림이나 선크림을 바르는 남성이라면 클렌징 폼만으로는 제대로 지워 낼 수 없기 때문에 1차 클렌저를 함께 사용해야 한다. 클렌징 폼을 사용한 세안은 아침, 저녁으로 1번씩 하루 2번이면 충분하다.

　클렌징 오일을 구매할 때는 지성 피부의 경우 미네랄 오일이 들어 있지 않은 제품으로 고른다. 건조한 복합성, 건성 피부라면 미네랄 오일 베이스의 클렌징 오일이 메이크업도 말끔하게 지워 내고 피부도 촉촉하게 만들어 준다.

클렌징 제품들은 피부에서 머무는 시간이 짧아 특별한 효과(화이트 닝, 안티 에이징)가 있다고 광고하는 제품보다 싸고, 용량 많은 제품 위주로 구매한다. 물에 씻겨서 모두 사라지는데 비싸고, 좋은 제품을 쓸 이유는 없다. 성분 구성에 큰 문제만 없다면 주저 말고 지르자.

1차 클렌저 추천

[오르비스] 클렌징 리퀴드 150㎖/ 18,000원(지성 추천!)

[시세이도] 티스 딥 오프 오일 230㎖/ 19,000원

[바닐라코] 클린 잇 제로 100㎖/ 18,000원

[폴라초이스] 스킨 발란싱 클렌저 237㎖/ 24,000원(지성 추천!)

[한스킨] 트랜스 클렌징 젤 130㎖/ 15,000원

[사나] 두유 이소플라본 클렌징 크림 180g/ 18,000원

[꼬달리] 젠틀 클렌저 200㎖/ 36,000원

[차앤박] 클렌징 퍼펙타 150g/ 23,000원(지성 추천!)

[피터토마스로스] 카모마일 클렌징 로션 250㎖/ 52,000원

[프레쉬] 소이 페이스 클린저 150㎖/ 72,000원(지성 추천!)

2차 클렌저 추천

[크리니크] 리퀴드 페이셜 숩 엑스트라 마일드 200㎖/ 32,000원

[쥴리크] 퓨리파잉 포밍 클렌저 200㎖/ 59,000원

[DHC] 클렌징 폼 60g/ 9,000원

[미샤] 니어스킨 엑스트라 리뉴 클렌징 폼 150㎖/ 9,800원

[더바디샵] 알로에 젠틀 훼이셜 워시 125㎖/ 19,000원

[맥] 라이트풀 포밍 크림 클렌저 100㎖/ 32,000원

[씨라클] 안티블래미쉬 티트리워시 250㎖/ 15,000원

[닥터브로너스] 매직 리퀴드숍 베이비마일드 236㎖/ 13,500원

[로쥬키스] 핌 클리어 워시 폼 100㎖/ 15,000원

[린사쿠라이] 사본 폼 95g/ 29,000원

2. 스킨토너

스킨토너에는 토너라는 이름 외에도 애프터쉐이브(Aftershave), 클래리파잉(Clarifying), 아스트린젠트(Astringent), 미스트(Mist), 프레셔너(Freshener), 소프너(Softner)와 같이 다양한 이름이 있지만 제품의 명칭보다 늘 성분을 먼저 보고 고르면 된다.

성분표 앞쪽에 알코올이 쓰여 있거나, 냄새를 맡았을 때 진한 허브향이 나는 제품은 무조건 피한다. 멘톨과 페퍼민트, 레몬밤, 오렌지껍질, 유칼립투스가 함유된 토너 역시 기피대상 1호이다. 알코올이 함유된 스킨으로 얼굴을 닦아 내면 건성 피부는 더 건조해지고, 지성 피부는 피지 분비가 더욱 심해진다.

각종 방향성 허브 아로마 오일은 피부 트러블을 일으키는 데 일등 공신이므로 트러블이 생기길 바란다면 라벤더나 로즈마리, 그레이프프루트가 함유된 토너를 사용하라.

토너의 텍스처(질감)는 에센션 겔 타입보다 화장솜을 적실 수 있는 워터 타입이 피부 노폐물을 닦아 내는 데 탁월하며, 묽은 질감의 토너를 화장솜에 살짝 모자라게 묻히면 흘러내림 없이 잘 닦인다. 합리적인 가격대는 150㎖ 기준 2만~3만 원대이다.

🟢 토너 추천

[달팡] 인트랄 토너 200㎖/ 60,000원

[크리니크] 클래리파잉 모이스춰 로션 1번 200㎖/ 30,000원

[DHC] Q10 로션 160㎖/ 38,000원

[바비펫] 카모마일 순수 무알콜 스킨 140㎖/ 7,800원

[더바디샵] 알로에 카밍 토너 200㎖/ 17,000원

[네이처리퍼블릭] 베터 댄 네이처 스킨 소프너 150㎖/ 12,900원

[아벤느] 센서티브 화이트 로씨옹 블랑쉬쌍 200㎖/ 35,000원

[오르비스] 액설런트 로션 M 180㎖/ 35,000원

[비오템] 아쿠아수르스스킨 건성용 200㎖/ 32,000원

[맥] 라이트풀 액티브 소프트닝 로션 150㎖/ 42,000원

3. 에센스/세럼

에센스(Essence)와 세럼(Sérum)은 동일 제품을 지칭하는 다른 단어이므로 모두 구비할 필요는 없다. 화이트닝 에센스를 고를 때는 오렌지나 레몬 같은 감귤계 성분이 들어 있으면 절대 피하고, 비타민C나 알부틴 성분이 함유되어 있는 제품을 구매한다. 이때 비타민C는 빛과 공기 중에 노출되면 파괴되므로 안정적으로 보존될 수 있는 펌프 용기나 갈색 스포이드 병에 담긴 제품을 구매한다.

수분 에센스는 알코올, 멘톨, 페퍼민트, 아로마 오일 성분이 함유된 제품은 쳐다보지도 말고, 발랐을 때 깔끔하게 흡수되지만 촉촉함은 유지되어 보습력을 잃지 않는 제품으로 고른다. 결국 먼저 성분을 확인하고, 샘플 받아다가 테스트해 보는 것이 안전빵(?)이다.

안티 에이징 에센스는 식약청에서 주름 개선 인증을 받은 실리콘(디메치콘) 베이스의 제품으로 고르면 벨벳같이 실키하고, 가시적이긴 하지만 촘촘하게 메워진 피부로 만들 수 있다. 실리콘 성분은 피부에서 수분이 달아나는 탈수 현상을 막아 주는 대신, 모공은 막지 않으므로 모든 피부에 추천한다. 스킨로션이나 크림 따위에 돈 낭비하지 말고 제대로 된 에센스 하나에 투자하면 화장품 쇼핑에 반은 성공한 것이 다름없다.

화이트닝 에센스 추천

[DHC] 비타민C 에센스 25㎖/ 35,000원

[더페이스샵] 화이트트리 퓨어비타C 스팟 코렉터 20㎖/ 22,900원

[참존] 참존 희부탄 에센스 60㎖/ 45,500원

[라로슈포제] 악티브 C 30㎖/ 60,000원

[렉솔] 비타민C-10 세럼 20㎖/ 25,000원

[나노시스] 화이트 클리어 세럼 30㎖/ 32,000원

[크리니크] 더마 화이트 크리니컬 브라이트닝 에센스 30㎖/ 85,000원

수분 에센스 추천

[바이오리] 아크노젤 하이드라 리페어 세럼 30㎖/ 40,000원

[더바디샵] 알로에 프로텍티브 세럼 30㎖/ 28,000원

[슈에무라] 딥씨 하이드라빌리티 컨센트레이트 30㎖/ 78,000원

[라네즈] 워터뱅크 에센스 60㎖/ 35,000원

[제니스웰] 히아루론산80 세럼 30㎖/ 36,000원

[마리오바데스쿠] 허벌 하이드레이팅 세럼 29㎖/ 56,000원

[클라란스] 하이드라 퀸치 인텐시브 세럼 30㎖/ 78,000원

[에스티로더] 퍼펙셔니스트[CP+] 링클 리프팅 세럼 50mℓ/ 160,000원

[시드물] 수퍼 안티옥시던트 에너지 세럼 60mℓ/ 15,800원

[고운세상] 닥터지 디링클 부스터 앰플 바이 이지에프 30mℓ/ 92,000원

[바비브라운] 인텐시브 스킨 서플리먼트 30mℓ/ 102,000원

[미샤] 타임 레볼루션 이모탈 유스 세럼 50mℓ/ 48,000원

[에이본] 에이뉴 클리니컬 익스프레션 라인필러 15mℓ/ 120,000원

[엔프라니] 레티노에이트 수퍼 딥 링클 이펙터 40mℓ/ 48,000원

4. 로션/크림

에멀전(흔히 말하는 로션)은 토너 다음에 반드시 발라야 하는 필수 스텝이 아니다. 건성 피부라면 토너 다음에 에센스, 크림 순으로 넘어가도 좋고, 복합성 피부나 건조함이 덜한 지성 피부라면 토너 다음에 에멀전만 발라서 스킨케어를 끝내도 상관없다. 로션과 크림의 효과는 기껏해야 건 조함에서 피부를 해방시켜 주는 역할만 한다.

화이트닝 크림, 주름 개선 크림, 탄력 크림을 쓰는 것보다 에센스나 세 럼에서 적당한 제품을 찾아보는 것이 훨씬 현명하다. 크림은 영양크림과 수분크림 중에 하나만 선택해서 사용하고, 끈적임과 유분감이 부담스럽다 면 에멀전을 바르면 된다.

◎ 보습제(로션/젤 타입) 추천

[닥터자르트] 화이트닝 워터드롭 70mℓ/ 29,000원

[마몽드] 토탈 솔루션 멀티 로션 SPF16 PA⁺ 80mℓ/ 22,000원

[쥬쥬코스메틱] 아쿠아모이스트 히아루론산 젤크림 50g/ 28,000원

[에뛰드하우스] 토탈에이지리페어 액티베이팅 에멀젼 150㎖/ 17,000원

[크리니크] 모이스춰 써지 익스텐디드 썰스트 릴리프 50㎖/ 52,000원

[메리케이] 보테니컬 모이스처라이저 F2 118㎖/ 39,000

[시드뭄] 울트라 페이셜 모이스춰라이징 로션 80g/ 9,900원

[키엘] 울트라 훼이셜 모이스처라이저 125㎖/ 38,000원

[비쉬] 화이트 리빌 더블 코렉티브 에멀젼 50㎖/ 38,000원

[자이모젠] 뉴트리 액티브 로션 105㎖/ 27,000원

🟢 보습제(크림 타입) 추천

[참존] 링클리어 크림 70㎖/ 38,500원

[스킨푸드] 아보카도 리치 크림 50g/ 12,000원

[이니스프리] 올리브 리얼 파워크림 50㎖/ 22,000원

[베네피트] 디어 존 60㎖/ 48,000원

[피지오겔] 크림 75㎖/ 28,000원

[라로슈포제] 똘러리앙 수딩 프로텍티브 크림 40㎖/ 30,000원

[아모레퍼시픽] 퓨쳐 레스폰스 에이지 디펜스 크림 50㎖/ 200,000원

[닥터영] 울트라 모이스트 솔루션 크림 50㎖/ 39,000원

[더말로지카] 인텐시브 모이스처 발란스 100㎖/ 103,000원

[뮤라드] 퍼펙팅 나이트 크림 50㎖/ 86,000원

5. 자외선차단제

주름이 생기고, 선번(Sunburn)과 기미, 주근깨와 같은 색소 침착이 일어나

는 이유는 의심의 여지없이 자외선 때문이다. 자외선을 완벽하게 차단해 주지 않으면 수십만 원짜리 안티 에이징 에센스를 발라도 아무 소용이 없고, 매일매일 화이트닝 마스크로 관리해도 말짱 도루묵이다.

자외선차단제는 브랜드와 상관없이 모두 비슷한 성분을 사용하므로 사용감만 보고 구매해도 좋다. 좋은 자외선차단제는 백탁 현상이 심하지 않고, 번들거림이 없으며, 발랐을 때 산뜻한 사용감의 제품을 고른다.

자외선차단제를 효과적으로 사용하는 방법은 태양광선에 노출되기 30분 전에 바르는 것이며, 100원 동전 크기만 한 양을 피부에 톡톡 두들겨 주듯 흡수시켜 발라 준다. 적당한 SPF 지수는 20~30이며, PA 지수는 더하기 모양(+)이 2개 이상 붙은 것이 좋다.

🔵 자외선차단제 추천

[뉴트로지나] 울트라 쉬어 선블록 SPF30 88㎖ / 13,800원

[더페이스샵] 뉴클린 페이스 오일프리 선크림 SPF35 PA++ 50㎖ / 6,500원

[오르비스] 썬 스크린 온 페이스 오리지널 35g / 15,000원

[로레알파리] UV퍼펙트 롱라스팅 UVA/UVB 프로텍터 SPF50/PA+++ 30㎖ / 16,500원

[키엘] 울트라 라이트 데일리 UV 디펜스 SPF50 PA+++ 30㎖ / 45,000원

[아이오페] 트러블 클리닉 선 프로텍터 SPF25 PA++ 70㎖ / 28,000원

[시세이도] 아넷사 밀키 선스크린 SPF32 PA+++ 60㎖ / 53,000원

[DHC] 화이트 썬 스크린 SPF35 PA+++ 30㎖ / 25,000원

[이지함] 선블록 로션 SPF40 PA++ 60㎖ / 58,000원

[비쉬] 유브이 프로씨큐어 SPF40 30㎖ / 34,000원

6. 각질 제거제

자신의 피부에 맞는 각질 제거제를 찾는 것은 너무나 어렵다. 하지만 무척이나 중요하고, 많은 테스트와 경험을 필요로 하는 것이 바로 각질 제거제를 고르는 일이다. 간편하게 알갱이가 들어 있는 스크럽으로 얼굴을 박박 문지르거나, 페이스 전용 타월로 피부를 밀어내면 그까짓 거 대충 떨어지겠지 하고 여기는 순간 피부를 망치게 놔두는 것과 다를 바 없어진다.

스크럽 제품에 들어 있는 알갱이는 크기가 울퉁불퉁하고, 입자가 작아 눈에 들어갈 위험이 높다. 거기에 스크럽 알갱이가 피부에 미세한 상처를 내면 문제는 복잡해진다. 페이스 전용 타월은 너무 자극적이어서 사용을 신중히 고려해야 한다.

이렇게 물리적으로 각질을 제거하는 것이 어쩌면 가장 빠르고, 눈에 보이는 효과적인 방법일 수 있겠지만 더 좋은 방법들이 있으니 먼저 시도해 보고 어떤 게 좋을지 고민해 보자.

각질 제거제의 종류로는 위에서 경고했던 알갱이가 들어 있는 페이셜 스크럽이나 페이스 전용 타월과 같이 물리적인 제품들이 있고, 산(acid) 성분으로 녹여 내는 제품, 셀룰로오스로 때처럼 밀려 나오는 제품, 효소로 각질을 분해하는 파우더 제품이 있다.

이 중에 가장 좋은 방법은 산 성분이 함유되어 있는 제품을 사용하는 것인데 성분의 함유량과 pH, 함께 구성되어 있는 다른 성분들을 꼼꼼하게 따져 봐야 하므로 여간 귀찮은 게 아니다. 산 성분이 함유된 제품을 써 보기로 작정했다면 다음과 같은 가이드라인을 지켜야 한다.

AHA 제품 고를 땐~

1. AHA(글리콜릭산)의 함유량은 10%가 넘지 않는 제품으로 고른다.
2. 에탄올이 함께 들어 있는 경우 절대 사용하면 안 된다.
3. pH가 3~4로 맞춰진 제품을 골라야 제대로 된 효과가 발휘된다. pH 테스트는 인터넷에서 싸게 파는 리트머스 시험지로 본인이 직접 해 볼 수 있다.
4. BHA(살리실산)와 동시에 사용하면 안 되고, 스킨토너 다음 단계에서 발라준다.
5. 아침에 바를 경우 반드시 자외선차단제를 필수적으로 사용해야 한다.

BHA 제품 고를 땐~

1. BHA(살리실산)의 함유량은 1% 이상 함유된 제품으로 고른다.
2. 클렌저 안에 함유된 제품은 효과도 발휘하기 전에 씻겨 내려가므로 사지 않는다.
3. pH가 3~4로 맞춰진 제품을 골라야 제대로 된 효과가 발휘된다. pH 테스트는 인터넷에서 싸게 파는 리트머스 시험지로 본인이 직접 해 볼 수 있다.
4. AHA(글리콜릭산)와 동시에 사용하지 않는다.
5. 아침에 바를 경우 반드시 자외선차단제를 필수적으로 사용해야 한다.

AHA 성분이 함유된 제품을 매일 사용하면 피부가 예민해지므로 사용 빈도를 본인 피부에 맞게 조절해야 한다. AHA는 각질뿐만 아니라 자외선으로 손상받은 피부의 턴오버도 촉진시켜 피부를 재생하는 효과가 있고, 복합성, 건성 피부에 잘 맞는다.

AHA는 수용성(물과 친한 성향)이라 피부 겉에서만 작용하므로 사용하자마자 피부가 매끈해지는 반면, BHA는 지용성(기름과 친한 성향)이라 장기간 꾸준히 써야 피부가 차츰 좋아진다. 하지만 BHA는 개기름(피지)의 방해에도 불구하고, 모공 속에서 피지를 제거하는 효과가 있어 지성, 여드름 피부가 사용하기 적합하다.

BHA는 1% 이상 함유된 제품이 좋지만 아직 우리나라에서는 화장품 법의 규제로 0.5% 이상 함유될 수 없는 실정이다. 결국 국내에 수입되지 않는 외국 브랜드의 제품 중에서 찾아야 한다.

피부에 따라 산 성분이 맞지 않는 사람이 있다. 그럴 때는 차선책으로 효소 파우더나 섬유질로 밀어내는 필링 젤을 써 볼 수 있겠지만 효소 파우더는 적절한 온도가 조성되지 않으면 효소가 활성화되지 못해 온도를 맞춰 주지 않는 이상 큰 효과를 기대할 수 없고, 필링 젤 역시 때처럼 밀려 나오는 것(본인의 '때'가 아니라 섬유질이 뭉쳐서 나오는 화장품 내용물이다)만으로는 각질을 제거하는 데 한계가 있다.

마지막으로 가장 걱정하고, 우려했던 알갱이가 포함된 스크럽의 사용은 피할 수 있으면 피하는 게 가장 좋다. 그러나 위의 방법들이 피부에 맞지 않아 어쩔 수 없는 상황에 있다면 피부에서 녹아 없어지는 브라운슈거(흑설탕)가 함유된 스크럽을 사용한다.

🟢 산(acid) 각질 제거제 추천

[폴라초이스] 2% BHA(리퀴드, 젤, 로션 타입 중 택1) 118㎖/ 24,000원

[폴라초이스] 리지스트 데일리 스무딩 트리트먼트 위드 5% AHA 50㎖/ 35,000원

[DCL] AHA 리바이탈라이징크림8 74㎖/ 39,000원

[DCL] AHA 리바이탈라이징로션10 118㎖/ 39,000원

[피터토마스로스] 글리콜릭산 10% 모이스춰라이저 63g/ 68,000원

[에이본] 에이뉴 클리니컬 더마 – 풀X3 페이셜 필링 세럼 30㎖/ 120,000원

[클레오시스] 아하 10% 필링젤 150mℓ / 9,900원

[뉴스킨] 180°AHA 페이셜 필 앤 뉴트럴라이저 18패드×2개 / 66,600원

7. 마스크 팩

팩은 크게 4가지 형태인 워시오프 팩(바르고 씻어 내는 팩), 필오프 팩(바르고 떼어 내는 팩), 시트 마스크 팩(부착하는 팩), 슬리핑 팩(바르고 자는 팩)으로 나눌 수 있다.

필오프 팩을 제외한 나머지 3개의 팩들은 순간적인 고보습 효과만 주고 오히려 매일 사용하는 기초 화장품보다 못한 경우가 많다. 결국 할 때뿐, 그걸로 끝이라는 뜻이다. 아무리 생각해 봐도 마스크 팩은 스킨케어를 하는 데 있으나, 없으나 크게 상관없는 제품 같다.

꾸준히 팩을 한다고 해서 달라지는 것은 장기적으로 봤을 때 그 효과가 너무나 미비하기 때문인데, 여전히 팩이 중요하다고 느낀다면 저렴한 가격대의 워시오프 팩이나 시트 마스크를 사용해 보자. 마스크 팩은 추천 리스트가 없다.

8. 아이/립

눈가 주름을 막기 위해서는 자외선 차단 지수가 있는 아이크림을 고르거나, 선크림을 바를 때 눈가 주위에도 동일하게 발라 주어야 한다. 선크림 사용 시 눈이 시려 눈물이 나는 경우가 있다면 자외선 차단 성분으로 쓰인 자외선 흡수제(부틸메톡시디벤조일메탄=아보벤존=파솔1789. 이 3개가 모두 동일한 이름)가 원인인데, 가급적 자외선 흡수제가 아닌 자외선

산란제(이산화티탄＝티타늄디옥사이드, 산화아연＝징크옥사이드)가 함유된 제품을 고르면 눈가에 발라도 시리지 않다.

아이크림을 잘 활용하면 아이 메이크업을 할 때 매우 요긴하게 쓰인다. 눈가에 촉촉하게 발린 아이크림은 섀도의 발색력을 높이고, 잘 지워지지 않도록 피그먼트를 붙잡고 있는 픽서 역할도 하기 때문이다. 그러나 실리콘 베이스의 아이크림은 때처럼 밀려 나오므로 주의한다.

유분감이 심한 아이크림을 저녁에 바르고 자면 비립종이 생길 우려가 있어 자기 전에는 젤이나 에센스 타입의 아이케어 제품이 좋고, 크림 타입은 낮 시간 동안 사용한다.

립밤을 가지고 다니면서 수시로 입술에 발라 주는 것이 입술 건조를 막는 유일한 해결책이다. 립밤은 입술의 과각질화와 색이 혼탁해지는 것을 막아 주지만 입술에 뭔가 바르는 걸 싫어하는 남성이라면 앞서 소개한 '바세린 바르고 잠들기'를 추천한다. 그러나 잘 때 이리저리 뒤척여 베개에 묻어나는 게 찝찝하다면 스틱이나 튜브 타입의 제품을 휴대하고 틈틈이 발라 준다.

이 제품들은 대부분 미네랄 오일 베이스로 만들어지는데 모두 바세린의 성분과 동일하다. 미네랄 오일은 알레르기 반응이 없는 매우 순수한 보습 성분으로 립스틱, 립 글로스를 바를 때 발색이 더 잘되도록 도와주어 선분홍빛의 건강한 입술을 유지할 수 있다. 립밤을 발랐을 때 시원한 느낌이 들거나 멘톨, 페퍼민트가 함유된 제품은 피한다.

아이크림 추천

[거다슈필만] 아이 리전 크림 15㎖/ 65,000원

[지베르니] 리얼 리프트 뉴트리브 아이 콤플렉스 30㎖/ 60,000원

[에스티로더] 어드밴스드 나이트 리페어 아이 리커버리 콤플렉스 15㎖/ 90,000원

[크리니크] 모이스춰 써지 엑스트라 리후레싱 아이 젤 15㎖/ 40,000원

[오리진스] 유스토피아 퍼밍 아이크림 15㎖/ 58,000원

립밤 추천

[더바디샵] 비타민 E 립케어 4.2g/ 8,000원

[키엘] 립밤#1 Jar 17g/ 11,000원

[유리아쥬] 배리어덤 레브르 15㎖/ 15,000원

[키비오] 너리싱 립밤 15㎖/ 20,000원

[니베아] 립케어 모이스춰 4g/ 2,500원

[비판톨] 립크림 7.5㎖/ 3,500원

[오리진스] 오가닉 수딩 립밤 4.2g/ 20,000원

[꼬달리] 립 컨디셔너 4g/ 10,000원

9. 보디/헤어

물에 말끔하게 씻기는 보디 클렌저와 기름지지 않는 보디 로션 & 바디 크림을 사용하면 몸 피부도 얼굴 피부처럼 탄력 있게 관리할 수 있다. 보디 제품만큼은 자신이 좋아하는 향으로 사용해도 좋다. 인위적이고, 지나치게 독한 향이 나는 제품은 피하고, 쉽게 질리지 않는 순한 향이 나는

제품으로 고른다.

가끔 비누 하나로 머리부터 발끝까지 사용하는 사람을 볼 수 있는데 가장 좋지 않은 클렌징 습관이다. 부위마다 정해진 제품을 사용해야 하는 것은 아니지만 비누로 세안하는 것만큼은 피해야 한다. 보디 클렌저와 헤어 샴푸는 그 출신 성분이 동일하므로 보디 클렌저로 머리를 감아도 되고, 헤어 샴푸로 샤워를 해도 문제가 되지 않는다. 다만 제품의 콘셉트와 처방된 구성 성분에 조금씩 차이가 있으므로 군이 한 제품을 여러 부위에 사용하는 것도 좋은 생각은 아니다.

헤어 샴푸 중에는 머리를 빨리 자라게 하는 샴푸와 탈모 방지 샴푸가 있는데 믿거나 말거나 본인의 자유다. 어떤 샴푸든지 머리를 빨리 자라나게 하지 못하며, 빠질 머리를 빠지지 못하게 막을 수도 없다. 머리카락의 성장 속도와 탈모로 발전하는 과정은 태어날 때부터 유전 인자에 의해 정해진 것으로 샴푸 따위로 조정될 수 있는 것이 아니다.

How to make up

원형탈모의 경우 국가에서 자가면역 질환으로 분류해 놓았기 때문에 의료보험이 적용되므로 가까운 병원에서 저렴한 비용으로 치료받기를 권장한다.

보디 로션이나 보디 크림을 바를 때는 샤워 후 물기를 다 닦아 내지 말고 조금 남겨 놓은 상태로 발라 주면 보습력이 우수해진다. 보디 로션으로 넓은 부위를 한꺼번에 발라 주고, 접히는 부위와 군은살이 잘 생기는 부위에는 보디 크림을 부분적으로 발라 준다. 보디, 헤어 용품은 개인 취향이므로 추천 리스트가 없다.

10. 내가 쓰는 화장품은 어느 소속일까?

우리에게 친근하고 눈에 익은 브랜드들이 사실은 동일한 모기업을 가지고 있는 계열사인 경우가 대부분이다. 모기업이 같은 경우 계열 브랜드에서 나오는 제품들 중에 비슷한 제품을 종종 찾아볼 수 있다.

이들이 실제로 제품의 성분이나 처방을 공유하는지는 알 수 없지만 아니라고 말할 수도 없을 만큼 흡사한 제품이 많으므로 센스 있는 소비자라면 한 번쯤은 눈여겨보도록 하자.

아모레퍼시픽

- 아모레퍼시픽 http://www.amorepacific.com/
- 라네즈 http://www.laneige.co.kr/
- 마몽드 http://www.mamonde.co.kr/
- 아이오페 http://www.iope.co.kr/
- 한율 http://www.hannule.com/
- 이니스프리 http://www.innisfree.co.kr/
- 헤라 http://www.hera.co.kr/
- 설화수 http://www.sulwhasoo.co.kr/
- 베리떼 http://www.verite.co.kr/
- 리리코스 http://www.lirikos.co.kr/
- 롤리타렘피카 http://www.lolitalempicka.co.kr/
- 오딧세이 No Website
- 미래파 http://www.mirepa.co.kr/
- 프리메라 No Website

– 스템난 No Website

– 에뛰드 http://www.etude.co.kr/

– 에스쁘아 http://www.espoir.co.kr/

– 미쟝센 http://www.mjsen.co.kr/

– 려 http://www.ryoe.co.kr/

– 해피바스 http://www.happybath.co.kr/

– 댄트롤 No Website

LG생활건강

– 더히스토리오브 후 http://www.whoo.co.kr/

– 오 휘 http://www.ohui.co.kr/

– 라끄베르 http://www.lacvert.co.kr/

– 이자녹스 http://www.isaknox.co.kr/

– 빌리프 http://www.belifkorea.com/

– 더페이스샵 http://www.thefaceshop.com/

– 숨37도 http://www.su—m37.co.kr/

– 캐시캣 http://www.cathycat.com/

– 수려한 http://www.sooryehan.co.kr/

– 보닌 http://www.vonin.co.kr/

– 엘라스틴 http://www.elastine.co.kr/

– 비욘드 http://www.beyond.co.kr/

로레알

– 로레알 파리(L'Oreal Paris) http://www.lorealparis.co.kr/

- 헬레나 루빈스타인(Helena Rubinstein)
  http://www.helenarubinstein.com/
- 키엘(Kiehl's) http://www.kiehls.co.kr/
- 메이블린 뉴욕(Maybelline NY) http://www.maybelline.co.kr/
- 슈 에무라(Shu Uemura) http://www.shuuemura.co.kr/
- 랑콤(Lancome) http://www.lancome.co.kr/
- 비오템(Biotherm) http://www.biotherm.co.kr/
- 조르지오 아르마니(Giorgio Armani)
  http://www.giorgio-armani.com/
- 랄프 로렌(Ralph Lauren) http://kr.ralphlauren.com/
- 케라스타즈(Kerastase) http://www.kerastase.com/
- 세타필(Cetaphil) http://www.cetaphil.co.kr/
- 비쉬(Vichy) http://www.vichy.co.kr/
- 라 로슈 포제(La Roche Posay) http://www.larocheposay.co.kr/
- 까샤렐(Cacharel) http://www.cacharel.com/

LVMH 코스메틱스

- 크리스찬 디오르(Christian Dior) http://www.dior.com/
- 겔랑(Guerlain) http://www.guerlain.com/
- 베네피트(Benefit) http://www.benefitkorea.co.kr/
- 겐조키(Kenzoki) http://www.kenzoki.co.kr/
- 프레쉬(Fresh) http://www.freshseoul.co.kr/
- 메이크업 포에버(Make-up Forever)
  http://www.makeupforever.co.kr/

— 지방시(Givenchy) http://www.givenchy.com/

에스티 로더

— 에스티 로더(Estee Lauder) http://www.esteelauder.co.kr/

— 크리니크(Clinique) http://www.cliniquekorea.co.kr/

— 아베다(Aveda) http://www.avedakorea.com/

— 라 메르(La Mer) http://www.lamerkorea.com/

— 바비 브라운(Bobbi Brown) http://www.bobbibrownkorea.com/

— 달팡(Darphin) http://www.darphin.co.kr/

— 굿 스킨(Good skin) http://www.goodskincare.co.kr/

— 오리진스(Origins) http://www.origins.co.kr/

— 맥(M.A.C) http://www.maccosmetics.co.kr/

— 랩 시리즈(Lab Series) http://www.labseries.co.kr/

— 스틸라(Stila) http://www.stilacosmetics.co.kr/

바이어스 도르프

— 라 프레리(La Prairie) http://www.laprairie.com/

— 니베아(Nivea) http://www.nivea.co.kr/

— 유세린(Eucerin) No Website

유니레버

— 폰즈(Pond's) http://www.pondsinstitute.co.kr/

— 바세린 인텐시브 케어(Vaselin Intensive Care) No Website

— 도브(Dove) http://www.dove.co.kr/

시세이도

— 시세이도(Shiseido) http://www.shiseido.co.kr/

— 끌레 드 뽀 보테(Cle de Peau Beaute)
http://www.cledepeau-beaute.com/

— 나스(NARS) http://www.narsjapan.com/

— 잎사(Ipsa) http://www.ipsa.co.jp/

존슨&존슨 컴퍼니

— 뉴트로지나(Neutrogena) http://www.neutrogena.co.kr/

— 아비노(Aveeno) http://www.aveeno.co.kr/

— 클린&클리어(Clean & Clear) http://www.cleanandclear.co.kr/

— 록(RoC) No Website

프록터&갬블

— 에스케이투(SK-II) http://www.sk2.co.kr/

— 커버 걸(Cover Girl) No Website

— 맥스 팩터(Max Factor) http://www.maxfactor.com/

— 올레이(Olay) http://www.olay.com/

— 비달 사순(Vidal Sassoon) http://www.vsclub.co.kr/

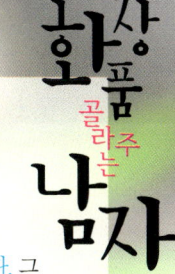

화장품 추천을 마치며

여기에 선정된 제품들 외에도 너무나 훌륭한 제품들이 많다는 것을 인정한다. 그래서 당신 스스로 성분표를 보고 자신의 피부 상태에 맞는 적절한 제품을 고르길 바란다. 내 추천 리스트는 어떤 성분들이 포함된 제품을 골라야 되는지를 알려주는 일종의 샘플이라고 보면 좋을 것 같다. 화장품 회사가 성분을 재조정하거나 단종시켜 버린다면 이 리스트는 수정될 수 있고, 새로운 정보는 내가 운영하는 '화장품 골라주는 남자' 블로그에서 만날 수 있다.

추천 리스트를 정리하면서 한 가지 느낀 게 있다면 국내의 경우 확실히 아모레퍼시픽 제품들의 성분 구성이 뛰어났다. OEM 업체에서 납품받는 일부 로드숍 브랜드의 제품을 제외하면 아모레퍼시픽 자체 공정의 제품들은 상당히 훌륭하다. 국내 1위 하는 이유가 있기는 있나 보다. LG생활건강의 브랜드 중 '오 휘'와 '빌리프'의 경우 내 성분 기준표에 의하면 추천할 만한 제품이 단 한 개조차 없었다.

외국의 경우 DHC와 오르비스, 크리니크의 제품들이 구색이 다양하고 값이 광장히 합리적이다. 이 3개 브랜드는 무향료를 지향하는 브랜드로 여기에 추천된 제품들 외에도 더 추천하고 싶은 제품들이 많았지만 밸런스를 위해 참았을 정도니 참고하길 바란다.

로드숍 매장으로 유명한 많은 브랜드의 추천도 다양하게 집어넣었다. 특히 미샤는 날이 갈수록 제품 질은 좋아지지만 덩달아 값도 오르고 있어서 불만이다. 더페이스샵과 네이처리퍼블릭은 비슷비슷하게 괜찮았고, 에뛰드하우스와 이니스프리, 바비펫은 추천할 만한 제품이 손에 꼽을 정도였으며, 토니모리와 더샘, 홀리카홀리카는 오 휘나 빌리프와 마찬가지로 추천 제품이 하나도 없다. 로드숍 브랜드는 트렌드에 민감해 신제품 출시가 어느 브랜드보다 빠른 편인 만큼 비록 추천 제품이 없었던 브랜드일지라도 언젠가는 좋은 성분 구성의 훌륭한 제품들이 많이 나올 것이라 기대해 본다.

화장품 골라주는 남자

Chapter 2. 메이크업

당신의 애력 포인트를 그루밍하자

Welcome to Make-up World!

1. 화장하는 남자

내가 메이크업을 하게 된 것은 이미 태어나기 전부터 정해진 일이리라.

어머니 말씀에 의하면 3살 때 니베아(Nivea) 크림이나 바세린을 항상 묻히고 다녔고 온 방을 화장품 범벅으로 난리치질 않나, 심지어 화장품 병을 장난감처럼 가지고 놀았다고 하니 말 다 했다.

유치원 때 사촌들이 보물처럼 아껴서 사용하던 랑콤 마끼 피니쉬(프랑스 이름; 지금은 맛뜨 피니쉬로 바뀌었음)를 가지고 놀다 그만 망가뜨려 크게 혼났던 적도 있고, 초등학교 3학년 때 당시 신인이었던 이영애가 선전하던 여름용 파운데이션인 마몽드 UV 선 트윈케이크를 사기 위해 용돈을 거의 한 달 가까이 모아서 구입했다.

그뿐만이 아니었다. 초등학교 5학년 때 샤넬에 관한 책을 읽고 샤넬 립스틱을 너무 바르고 싶어서 보름 넘도록 용돈 모아서 구입하곤 했으니까(당시에 샤넬 립스틱은 22,000원이었는데 당시 물가로 따져 보자면 어린

이를 위한 과자세트 4개 정도는 구입할 수 있었다). 심지어 군대에서도 화장품에 대한 관심은 정말 여전했었다.

군대에서 화장을 너무 하고 싶은 갈망심이랄까, 신병 때는 선임들 몰래 베이비파우더를 펴 발랐다. 그리고 일병이 지나자 나는 대대장에게 직접 찾아가 "대대장님, 파우더를 바를 수 있게 허용해 주시겠습니까?"라고 질문했고, 대대장이 한참 고민하다가 "화장 진하게 하지 마라"라고 허락하는 순간의 그 기쁨을 잊지 못한다.

그래서 행복에 겨워 휴가를 나오자마자 끌레드 뽀 보떼 팩트를 구입해서 매일 사용하고 다녔다. 당시 팩트 가격이 13만 5천 원이었는데 내 한 달 월급은 65,000원, 즉 2개월치를 털털 모아 구입했다. 그리고 휴일 때 심심풀이로 스모키를 하면서 시간을 보냈다.

이러한 관심들이 곧 나중에 미용 관련 업계에 들어서게 할 줄이야.

십 년이면 강산도 변한다고 하지 않았던가. 지금 2011년은 내가 학생이던 10년 전하고 비교하면 참 많이도 변했다. 정확히 10년 전만 해도 남자들이 뷰티에 관심 있어 하면 주위에서 별로 내키지 않는 반응이었는데 지금은 남자들이 뷰티에 관심 있어 하면 자기 스스로를 아끼는 그루밍 족이라고 좋게 받아들이는 걸 생각하면 말이다.

2002년 여름 소망화장품에서 당시 최고 인기를 달리던 축구선수 안정환을 모델로 내세워서 "피부가 장난이 아닌데?—로션 하나 발랐을 뿐인데. 남자의 티를 감추어 주는 컬러로션"이라는 모토로 '꽃을 든 남자 컬러로션'을 선보여서 그해에 최고 히트를 기록했던 기억이 난다.

그 계기로 남성들이 메이크업의 문에 들어섰는데 남성 메이크업이 본

격화된 것은 2000년대 중반이라고 볼 수 있다. 2000년대 중반쯤에 빅뱅, 장근석, 잭 에프론 같은 아이돌의 영향으로 더 크게 부각이 되었던 것이다.

확실히 불과 몇 년 전과 지금 현재의 남성 메이크업의 경향을 살펴보면 좀 더 진해지고 과감해졌다고나 할까? 특히 홍대나 압구정, 대학로, 강남 시내 같은 데 살펴보면 정말 스타일리시한 남자가 스모키 메이크업으로 자기 자신의 눈을 강조한 걸 어렵지 않게 볼 수 있다. 그러고 보면 남성들의 메이크업에 대해 점점 관대해졌다는 사실에 남자들도 이제 자기 자신의 이미지를 마케팅할 수 있게 하는 데 대한 기쁨을 감출 수가 없다.

나는 이렇게 생각한다. 여자들만 화장하라는 법은 없다. 남자들도 직접 자기 자신에게 맞는 메이크업을 함으로써 또 다른 나의 모습을 연출할 필요가 있다. 에스티 로더 여사가 이런 말을 하지 않았던가? "당신의 모습은 늘 언제나 전시되어 있고 또한 나도 모르게 사진이 찍힌다. 그러니 굳이 추한 모습으로 전시할 필요가 없지 않은가?"

2. 유행은 잠깐, 스타일은 포에버

몇 년 전 고현정의 영향으로 물광 메이크업이 유행한 적이 있었다. 마치 세수나 샤워를 끝마치고 물기를 머금은 듯한 분위기를 연출하는 것이었는데, 단점은 너무나도 쉽게 잘 지워진다는 것이었다.

그것은 곧 촬영용 메이크업이라는 것이 밝혀짐으로써 나중에는 빛광, 윤광 메이크업이 유행하기 시작했는데, 결국은 너무 번들거린다는 단점으로 도자기 피부 톤으로 돌아오는 추세이다. 도자기 피부 톤은 시대에 비해서 결코 변치 않고 깨끗하고 결점이 없어 보이게 매끄럽게 연출하는 것인데 이거야말로 영원히 변치 않는 스타일이기도 하다.

이를 보면 나는 1980~90년대의 상황이 떠오르곤 한다. 당시에는 실베스터 스탤론, 아널드 슈워제네거, 돌프 룬드그렌 같은 우람한 근육질 스타들이 주류를 이루었지만 여성들이 손을 들어 준 것은 톰 크루즈, 장국영, 발 킬머 같은 부드러운 이미지를 가진 스타들이었다.

그러한 분위기는 지금 보아도 결코 손색이 없다. 나는 이러한 분위기를 보면서 '아, 정말 부드러운 것은 강한 것을 이기고 또한 영원한 거구나'라는 걸 느끼게 되었다. 사실 요즘 짐승남이 트렌드이기는 하나 어찌 보면 1980~90년대의 액션 근육질 스타들과 별반 차이가 없다는 것을 느낀다. 짐승남이야 어차피 예전부터 있었지 않았던가?

2000년대에 들어서면서 여자보다 예쁜 꽃미남이 유행하고, 지금은 또다시 짐승남 트렌드가 나타나고. 하지만 어쩌면 그것은 잠시 동안의 유행 트렌드이다. 터프한 이미지나 혹은 짐승남 이미지는 잠시 동안은 좋아 보일 수 있다. 하지만 그것은 그다지 오래 가지 않는다. 그러나 소프트한 분위기는 시대가 지나도 결코 인기가 변치 않는다.

그러니 여러분은 너무 유행 트렌드를 좇아가려고 하지 말고 무엇보다 자기 자신에게 맞는 스타일을 찾아보기 바란다. 메이크업도 역시 그렇다. 같은 유행 트렌드라 할지라도 누구는 어울리고 또한 누구는 안 어울릴 수 있다. 너무 단점을 커버하기보다는 자기 자신의 장점을 살리는 게 제일 중요하지 않을까.

입술이 예쁘면 입술을 강조하는 메이크업으로, 눈이 예쁘면 눈을 강조, 피부 톤이 예쁘면 볼터치로 살짝 화사하게 불어넣어 주는 걸로 충분하다. 그렇다고 단점을 너무 버리려고 하지 말자. 그 단점이 자기 자신의 매력을 살려 줄 수 있기에 지나치게 단점을 버리기보다 장점을 부각시키면 된다. 너무 단점이 없는 것은 그다지 인간적이지 못한 경우를 많이 본다.

사실 명작만화『유리가면』에서 완벽한 아유미보다 평범한 '마야'가 훨씬 더 인기를 끌었던 것처럼 말이다. 너무 남이랑 똑같게 하려고 하지 말자. 그러면 자기 자신의 분위기가 사라지니까. 제일 멋지고 아름다운 것은 바로 자기 자신 그대로를 보여 주는 것, 그것이 영원히 변치 않는 고전이니까.

3. 10년 더 젊어지기

사람들은 누구나 최소한 몇 살이라도 어려 보이기를 원한다. 지금도 여전히 최고의 찬사가 "어려보이시네요" 혹은 "동안이세요"라는 것이다. 하지만 누구나 어린 얼굴로 살아가기는 힘들다. 그러나 최소한 몇 살 더 어려 보이게 하는 방법은 있다.

항상 중요한 것은 동안 모습을 연출하기 직전 각질 제거와 보습, 자외선 차단을 잘해 주어야 한다는 사실임을 결코 잊지 말자.

(1) 파운데이션을 많이 바르지 말자

파운데이션를 많이 발라 피부를 커버하기보다는 틴티드 보습제나 쉬어타입(sheer type)의 파운데이션으로 피부 톤을 정리한 다음에 커버할 부위에다가 컨실러나 혹은 스틱타입의 파운데이션으로 커버하도록 하자.

(2) 눈 밑을 밝게 연출하자

눈 밑이 어두워 보이면 인상 전체가 칙칙해 보인다.

자기 자신의 피부 톤보다 한 톤 밝은 컨실러로 커버하되 촉촉한 크림타입을 선택하여 눈가 주름이 도드라져 보이지 않도록 하자.

(3) T존, 눈 밑, 턱 부분, 팔자주름 부위를 환하게 밝혀 주자

인상을 밝고 어리게 보이려고 파운데이션을 너무 하얗게 발랐던 경험이 있지 않은가? 그건 목과 얼굴이 너무 따로 놀아 가면처럼 보일 수 있다.

이럴 때 하이라이팅 펜 제품을 사용하여 T존, 눈 밑, 팔자주름, 턱 부분에다가 그어서 터치하여 화사하게 표현하는 게 좀 더 효과적이다.

(4) 베이비 페이스다운 눈매를 원한다면?

마스카라는 가급적이면 하지 말자. 왜? 동안 연출을 했는데 마스카라를 하면 아무래도 답답한 느낌이 강하게 들 테니까. 그 대신에 아이라이너 펜슬로 속눈썹 사이사이를 메우고 뷰러로 속눈썹을 살짝 올리는 것이 효과적이다. 그리고 정 마스카라를 하고 싶다면 속눈썹을 뷰러로 올리고 속눈썹 끝부분에만 마스카라를 하자.

(5) 앞머리를 내리자

앞머리를 내려 헤어스타일을 연출하자. 그것만으로도 충분히 최소한은 몇 년 더 어려 보이게 할 수 있다. 올백머리와 앞머리를 내리는 것 중 어느 쪽이 더 어려 보일까? 판단은 여러분께 맡기도록 하겠다.

(6) 탱글탱글한 뺨

블러셔는 결코 빼먹지 말자. 블러셔를 충분히 잘 활용하면 아무리 풀메이크업이라도 민얼굴처럼 자연스럽게 연출이 가능하다.

핑크톤, 피치, 로즈계열의 색상이 효과적인데 웃을 때 살짝 도드라져 보이는 부위에 터치하기보다 바깥쪽에서 안으로 둥글게 눈동자 선을 넘어오지 않게 터치하는 것이 효과적이다. 만약 블러셔에 대해 초보자이거나 화장 안 한 듯한 자연스러움을 연출하고 싶다면 밝은 베이지색상의 블러셔로 넓게 펴 발라 보자.

아니면 틴트 제품도 리퀴드 블러셔로 사용 가능한데 틴트는 블렌딩하기 어렵다는 단점이 있다. 그렇다면 이렇게 활용을 해 보자. 모이스처라이저나 파데 제품 사용 후 흡수가 되기 전에 즉시 틴트 제품을 발라 주면 블렌딩이 쉽다. 그다음에 파우더를 살짝 눌러 주면 좀 더 오래 지속되는 효과를 얻을 수 있다.

(7) 입술색은 가볍게

립스틱이나 립글로스로 칠하는 것보다 립틴트로 입술을 약간 물들여 준 다음 그 위에 무광택 립밤으로 덧발라 준다. 그래도 틴트 사용이 너무 묽어서 번거롭다면 레드 립스틱을 새끼손가락에 살짝 문혀 쓱쓱 펴 발라 보자. 이것도 역시 좋은 틴트 역할이 될 수 있다. 아니면 약간 체리 빛 컬러가 감도는 립밤을 사용하는 것도 역시 방법이다.

(8) 깔끔하고 심플한 옷으로

어려 보이려고 아동틱한 옷차림은 아무래도 NG!

깔끔하고 심플하고 단정한 라인이 돋보이는 옷을 선택하되 와펜이나 보타이, 카디건, 청바지, 캔버스화를 활용하는 것이 효과적이다.

4. 결점을 매력으로

여러분들은 1950~60년대를 사로잡은 글래머의 대명사 매릴린 먼로를 모르지는 않을 것이다. 금발에 글로시한 빨간 입술, 입술 위에 애교 점, 그리고 잠자기 직전에 잠옷 대신 샤넬 No5 향수를 사용한다는 일화와 지하철 환풍구에서 스커트가 휘날리는 먼로 현상까지 있을 정도로 그녀의 신화는 너무나도 선명하다. 그리고 먼로워크라고 해서 엉덩이를 흔들며 다니는 현상을 자칭하는 말이 있을 정도이다.

그녀의 영화를 본 사람이라면 매릴린 먼로가 엉덩이를 흔들며 걸어 다니는 모습을 보았을 것이다. 원래 매릴린 먼로는 일부러 엉덩이를 흔들면서 걸어 다닌 게 아니었다. 사실 그녀는 생전에 심한 허리 디스크로 인해 불균형한 걸음걸이로 다니게 되었는데, 오히려 이것을 역이용하여 그녀의 대표적인 트레이드 마크가 되기도 했다.

사실 이러한 케이스를 보더라도 결점을 너무 감추려거나 없애려고 하는 것보다 당당하게 그것을 매력 포인트로 내세우는 것이 더 인상적임을 알 수 있다.

나는 1980년대 일본에서 많은 남자들의 마음을 사로잡았던, 또한 피부미인으로 명성이 자자했던 '마쓰다 세이코'가 떠오른다. 마쓰다 세이코는 1980년에 혜성처럼 등장하여 귀여움과 발랄함, 부드러움과 맑고 깨끗한 피부로 많은 소년들의 마음을 설레게 했는데 1980년대 중반쯤 갑작스럽게 성형수술을 함으로써 예전 같은 귀여움이 사라졌다. 이에 사람들은 전혀 다른 사람 얼굴 같다는 반응을 보였다.

내 기억으로도 데뷔 때 모습과 현재 모습을 비교해 보면 데뷔 때부터 1980년대 중반 이전 모습이 정말 제일 귀엽고 예뻤던 것 같다. 사실 성형수술 하지 말고 그대로 나갔더라면 정말 곱게 늙지(?) 않았을까, 그 깜찍하고 발랄한 이미지가 사라지지는 않았을 텐데 하는 아쉬운 생각이 들곤 한다.

그렇지 않아도 일본과 국내의 많은 팬들도 데뷔 모습에서 1980년대 중반까지 모습을 그리워하는 것을 많이 본다. 사실 그것 때문인지 나는 마쓰다 세이코 하면 지금 현재 분위기보다는 데뷔 당시 모습이 더 대표적으로 떠오른다.

그리고 슈퍼모델의 전설이라 불리는 신디 크로퍼드는 입술 위 점이 콤플렉스라고 밝힌 바 있었으나 사람들은 오히려 그것을 너무나도 매력적으로 생각한다. 입술 위에 점이 없는 신디 크로퍼드를 생각할 수 있을까? 아마 상상조차 못 할 것이다.

그렇다고 나는 성형수술을 반대하는 입장도 아니다. 하지만 성형수술하기 직전에 신중한 태도가 필요하지 않을까 싶다. 자기 자신이 마음에 안 든다고 무턱대고 성형을 해서 나중엔 해도 해도 맘에 안 들어 성형중독자가 되어 인간처럼 보이지 않는 케이스도 많이 봤으니까.

멜라니 그리피스를 예로 들어 보자. 연하의 남편인 안토니오 반데라스에게 누나 같은 느낌이 들어 어려 보이고 싶은 마음에 성형수술에 집착했는데 지금의 모습을 보면 볼이 부자연스럽게 빵빵하고, 성형수술의 후유증과 그 어색함을 감추기 위해 짙은 화장을 하지 않으면 안 되는 상황에 이르렀으니 말이다.

어떨 땐 최근에 영화 〈시〉로 영화계에 복귀한 윤정희를 보면 인간적이라는 생각이 든다. 세월에 의한 흔적을 일부러 없애지 않고 그대로 놔두어 많은 사람들에게 공감을 주는 것처럼 말이다. 만약 윤정희가 보톡스를 맞고 주름을 제거했더라면 많은 사람들에게 공감이 되었을까?

5. 메이크업 도구 선택하기

　메이크업 도구 선택에 있어서 제일 중요한 점은 얼마나 터치가 좋은지와 함께 피부에 닿았을 때 부드럽게 쓸리는 느낌이 있어야 한다는 것이다.

　합성모가 중요하냐 천연모가 중요하냐에 대해서는 나는 케이스 바이 케이스라 말하고 싶다. 그러나 동물 털에 민감한 사람이라면 천연모보다 합성모가 더 적합할 수 있다. 무엇보다 도구에 대해서 아낌없는 투자가 중요한데 빽빽하지 않은 모를 선택하는 것이 중요하다. 피부에 사용할 때 부드럽게 느껴지면서 색상이 어떻게 잘 표현이 되는지를 살펴봐야 하는데 제일 먼저 브러시에 섀도나 블러셔 제품을 바르고 종이에 직접 발라서 어떻게 잘 표현이 되는지를 살펴본다. 그리고 브러시를 구입할 때 모를 힘껏 잡아당겨 본다. 많이 빠지면 빠질수록 질이 나쁜 브러시라고 보면 되고, 모가 잘 빠지지 않는다면 좋은 브러시라 할 수 있다.

　얼굴 전체에 사용하는 파우더 브러시의 경우 천연모가 적합하고 크림 타입의 메이크업을 사용할 땐 합성모가 발색이 잘되고 블러셔는 뺨을 감싸주는 듯한 느낌이 드는 것으로 선택한다. 만일 블러셔 초보자라면 블러셔 브러시를 구입하는 것보다 파우더 브러시를 사용하는 게 실수가 적다 (스피드 메이크업 시 블러셔를 파우더 브러시로 사용하면 빨리 끝낼 수 있다). 컨실러 브러시는 아무래도 눈 밑에 사용하는 경우가 많으므로 빽빽하거나 거친 느낌이 없는지 살펴본다. 그리고 컨실러가 결이 없이 퍼짐성 있게 잘 터치가 되는지도 살펴보도록 한다.

　그리고 브러시는 털끝이 일직선으로 된 제품보다 사선으로 이루어진 브러시가 퍼짐성과 그라데이션을 할 때 유리하다는 걸 잊지 말자. 그리고 브러시의 숱이 풍성한지 털끝이 잘려나가져 있는지도 살펴본다.

브러시를 세척할 땐 전용 클리너로 하는 것도 효과적이겠지만 전용 클리너로 사용하기 어렵다면 집에서 사용하지 않는 샴푸로 사용하는 것도 효과적이다. 샴푸도 이왕이면 건성 모발에 사용하는 샴푸로 사용하면 브러시 모를 부드럽게 유지하는 데 도움이 되니 참고하도록 한다(브러시를 빨리 말리고 싶다면 브러시를 물기를 톡톡 털어내고 수건 안쪽에다가 넣어 반으로 접어 덮어주면 좀 더 빨리 건조시킬 수 있다. 집게 달린 옷걸이에 걸면 좀 더 빨리 마를 수 있으니 참고하기 바란다).

손으로 사용하는 도구

요즘 점점 메이크업 도구가 발달하면 발달할수록 많은 메이크업 아티스트들은 손으로 사용하는 걸 선호한다. 손은 브러시로 표현할 수 없는 터치력과 그라데이션, 그리고 밀착력을 높여주기 때문이다. 사실 손으로 사용하는 건 처음이 어려워서 그렇지 익숙해지면 브러시로 사용하는 것보다 더 매력적으로 느껴질 것이다. 게다가 많은 브러시를 장만하지 않아도 되니 일석이조가 아닌가?

(1) 엄지손가락

크림타입의 블러셔를 사용할 때 효과적이다. 제일 먼저 엄지손가락 끝에다 크림타입의 블러셔(아님은 립스틱으로 사용해도 된다)를 묻혀준다. 다른 손가락은 얼굴 부위를 잡고 웃으면서 살이 올라오는 부위에 터치해준다. 소녀처럼 발그레하고 윤기 있는 볼을 표현할 때 효과적이다.

(2) 중지손가락

눈 밑의 어둠을 커버할 때 효과적이다. 컨실러를 적당히 묻힌 양 중지 손가락에다 톡톡 두드리며 체온으로 녹여 준 뒤 눈 밑에 사용해보면 컨실러가 뭉치지 않고 좀 더 효과적으로 밀착시킬 수 있다.

(3) 약지손가락

아이섀도를 펴 바를 때 효과적이다. 약지에다 파우더나 혹은 크림타입의 섀도를 묻히고 속눈썹 있는 부위엔 진하게 눈썹으로 올라올 땐 연하게 펴 발라주어야 한다는 걸 잊지 말자.

(4) 새끼손가락

입술 메이크업을 할 때 효과적이다. 립글로스나 립스틱을 새끼손가락에다 쓱쓱 펴 바르면 좀 더 입술을 깔끔하고 윤곽 있게 표현할 수 있다. 그리고 흐트러진듯한 스테인룩을 표현할 때도 이상적이다.

(5) 약지와 중지

파운데이션을 펴 바를 때 효과적이다. 파운데이션을 제일 먼저 중지에 묻힌 다음 양 중지와 약지손가락에 파운데이션 내용물을 체온으로 녹여준 후 얼굴의 넓은 부위인 볼부터 두드리며 감싸주듯이 펴 바르면 좀 더 파운데이션을 깔끔하게 바를 수 있다. 게다가 적은 양으로도 훌륭한 커버력을 기대할 수 있고 파운데이션을 절약할 수 있으니 일석이조다.

(6) 손바닥

파운데이션이 뭉쳤거나 혹은 베이스 메이크업의 밀착력을 더해줄 때 효과적이다. 파운데이션을 바르고 난 후 뭉친 부분이 있으면 양 손바닥을 비벼 체온을 더해준 뒤 얼굴 전체를 감싸주면 파운데이션의 뭉침을 제거해 준다. 그리고 베이스 메이크업을 끝마치고 난 뒤 다시 한 번 양 손바닥을 비벼 체온을 더해준 뒤 얼굴 전체를 감싸 주면 밀착력과 지속력을 더해주는 데 효과적이다.

여기서 잠깐!

손가락으로 메이크업을 할 때 무엇보다 손을 청결하게 유지하여야 한다. 그 이전에 핸드워시로 깨끗하게 위생에 신경 써주어야 한다는 것을 잊지 않도록 한다. 손에 세균들이 많다는 건 말 안 해도 아시리라 생각한다.

6. 3D 입체 메이크업

T존은 밝게, U존은 한 톤 어둡게 연출하자

피부 톤이 하얘 보이려고 너무 밝은 색상의 파운데이션을 사용하면 얼굴이 펑퍼짐하게 보일 수 있다. 그 대신 파운데이션은 자기 자신의 피부 톤에 가까운 색상이거나 혹은 한 톤 어두운 색상으로 전체적으로 펴 발라 주되 T존 부위는 한 톤 밝은 색상이거나 화이트 파운데이션 제품으로 입체감을 넣어 준다.

화이트 파운데이션에 대해서 많이 낯설어할지도 모른다. 그리고 어쩌면 메이크업 베이스 같다고 생각할지 모르겠지만 하이라이터 개념이라고 생각하면 될 것 같다. 파운데이션 사용 후 환하게 밝혀 주고 싶은 T존, 눈 밑, 입술 옆, 턱 부분에 살짝 터치를 해 줌으로써 얼굴을 충분히 화사하고 환하게 밝혀 줄 수 있다. 또한 파운데이션 색상이 너무 어둡다 싶을 땐 화이트 파운데이션 제품이랑 섞어서 좀 더 색상을 적당하게 조절할 수 있다(예: 코겐도 아쿠아 파운데이션 WT, 끌레드뽀 보떼 땡 꽁뜨롤 블랑, 캔 메이크 컬러스틱 WT).

페이스 컬러를 꼭 활용해 보자

베이스 메이크업을 끝마친 후 블러셔나 하이라이트로도 얼굴이 왠지 심심해 보일 때 그 위에 페이스 컬러 제품으로 한번 쓸어 보자. 피니싱 파우더로도 사용이 가능한 이 제품은 피부에 화사함과 동시에 입체감을 불어넣어 주는 데도 효과적이다. 또한 파운데이션을 사용하고 난 후 파우더 대용으로도 사용이 가능하니 하나쯤 구비해 놓으면 괜찮은 아이템이다(예: 지방시 프리즘 어게인, 겔랑 메테오리트 파우더, 시세이도 인터 그레이트 포밍 베일).

7. 비비크림에 대한 환상

한국은 아직도 비비크림에 대한 열풍이 그칠 줄 모른다. 사실 보습, 선크림, 메이크업 베이스와 파운데이션 그리고 주름 개선과 미백기능성이라는 멀티기능을 하나로 끝낼 수 있다는 간편함 때문에 많이 찾기도 한다.

비비크림은 원래 블래미쉬 밤, 즉 피부과나 에스테틱 시술 후 붉고 예민한 피부를 달래 주기 위해서 만든 목적의 제품이었다. 그래서 그러한 붉은 기를 커버하기 위해 회색 톤의 색상들이 가미된 것이 많았다.

그러나 요새는 그냥 시중에서 이름만 비비크림이고 다른 파운데이션이랑 별반 차이가 없는, 즉 회색 톤의 파운데이션이라는 생각이 드는 경우가 많다. 사실 비비크림 색상이 맞아서 잘 사용하고 있다면 말리지 않겠다.

그리고 붉고 예민한 피부에는 파운데이션을 바르기 힘들어 비비크림 사용이 도움이 될 수도 있다. 그러나 회색 톤이 잘 맞지 않는 피부 톤이 사용한다면 마치 시체 얼굴처럼 보일 수도 있는데 굳이 비비크림을 선택할 필요가 있을까?

사실 비비크림 말고도 피부 톤을 예쁘게 정리해 주는 컬러로션이나 파운데이션, 팩트 제품들이 시중에 널리고 널렸는데 굳이 하나로만 끝낸다는 비비크림 때문에 화장을 안 하느니만 못한 경우를 종종 보게 된다.

옛날에 하나로 끝낼 수 있는 투웨이 샴푸라는 제품이 있었다. 샴푸와 린스를 한 번에 끝낼 수 있다는 콘셉트의 제품이었는데 오랫동안 지속되지 못하고 결국은 기억 속으로 사라졌다.

샴푸는 두피를 청소하고, 린스는 머릿결 끝을 매끄럽게 마무리하는 단계인데 린스가 모공에 닿으면 두피를 막을 가능성이 있기에 가급적이면 린스를 머릿결 끝부분에 사용해야 좀 더 효과적이라는 것을 배운 바 있다. 그래서 하나로만 끝내려고 하는 제품은 기능이 많이 떨어진다는 것을 그때 알게 되었다.

복합제품 하나로 끝내려는 생각은 버리도록 하자. 그리고 비비크림으로 자외선 차단을 비롯하여 주름과 미백 기능성 효과를 얻으려는 기대도 하지 않는 것이 좋다. 사실 비비크림으로 자외선 차단과 주름, 미백 기능을 얻기에는 그 성분이 상당히 미약하다.

8. 잊혀 가는 메이크업 베이스

불과 거의 10년 전에는 파운데이션을 그냥 얼굴에 바르면 피부가 상하기 때문에 초록색이나 보라색 메이크업 베이스는 꼭 발라야 한다고 화장품 잡지와 패션 잡지에서 필수적으로 강조하곤 했다.

옛날 김남주가 화장품 CM을 통해 삶은 달걀 속 안의 껍질을 보호막이라며 메이크업하는 것과 속 안의 껍질을 그대로 두고서 메이크업하는 시연을 보여 주었던 기억이 난다(그러고 보면 속 안의 껍질을 벗기지 않게 하려고 조심스럽게 제거하는 스텝의 고생이 이만저만이 아닐 거란 생각이 문득 들었다).

하지만 메이크업 베이스가 반드시 필수였다고 배우던 시기인 2000년대 초반, 한 일본 메이크업 아티스트 선생님께서 메이크업 베이스를 소개한 것이 있었는데, 한국의 초록색이나 퍼플색의 메이크업 베이스가 아닌 완전 투명색에 가까운 색상이라서 놀랐었던 기억이 있다.

피부의 결을 정리하면서 요철을 매우는, 즉 지금 식으로 따지자면 프라이머 제품인데 초록색과 보라색의 메이크업 베이스를 사용하면 파운데이션이 두껍게 표현되는 반면, 그 일본인 메이크업 아티스트 선생님께서 사용하던 제품은 피부색을 보정하는 것이 아닌 파운데이션의 밀착력을 도와주는 개념으로 사용하는 것이었다.

일본에도 물론 초록색이나 보라색의 메이크업 베이스 제품은 있다. 하지만 그것은 부분적으로 피부 톤을 중화시키게 하는 단계(초록색은 붉은기, 노르스름한 부위는 보라색, 다크서클 부위에는 노란색)인 컬러커렉터 제품이지 우리나라처럼 얼굴 전체에 사용하는 것은 아니었다.

2000년대 중반, 한국은 초록색이나 보라색의 메이크업 베이스를 사용하면 오히려 화장이 두껍게 표현된다는 것을 알게 되었다. 메이크업 베이스와 파운데이션이 색상 차이일 뿐이지 별반 차이가 없다는 것이 점차 알려졌다.

게다가 그 시기부터 민낯과 동안 열풍이 나타남으로써 사람들 사이에 아기피부같이 밝고 빛나는 피부 톤을 연출하는 붐이 일었고, 메이크업 베이스의 존재는 점점 전설이 되어 버렸다. 그 대신 거의 투명한 프라이머에 초록색이나 보라색을 조금 혼합해 넣어서 판매하는 경우가 있기는 하다.

민얼굴에 화장을 하면 피부가 상한다? 사실 메이크업 같은 색조는 피부가 잘 받아 주질 않는다. 메이크업을 해도 지워지는 이유가 바로 그것이다. 만약 너무 안 지워진다면 피부 색소 침착이 될 가능성이 있다(그래서 1990년대 중반에 묻어나지 않는 립스틱 붐이 크게 일었는데 그 롱래스팅 립스틱의 인기는 그다지 오래 가지 못했다. 그 이유는 너무 뻑뻑하는 입술을 크게 건조하게 만들었기 때문이다).

9. 하이라이팅 펜의 매력

칙칙한 피부 톤을 가진 사람들은 점점 핑크톤 색상의 파운데이션 제품이 필요하게 된다. 그러나 핑크톤 색상의 파운데이션 제품으로 해결되지 않는다면? 그럴 때 유용한 것이 하이라이팅 펜이다. 그리고 또한 파운데이션 제품이 없을 때  SOS로 T존이나 눈 밑, 턱 부분에 살짝 터치하여 블렌딩을 함으로써 연하게 파운데이션을 한 것 같은 효과를 낼 수 있다.

그리고 다크서클에 컨실러 사용 후 무언가 밋밋하게 보일 때 그 위에 하이라이팅 펜을 그어서 블렌딩을 하면 좀 더 환한 느낌을 연출하기에 제격이다(예: 이브생 로랑 뚜쉬 에끌라, 겔랑 빠뤼르 골드 프레셔스 라이트 리쥬버 네이팅 일루미네이터, 메리케이 페이셜 하이라이팅 펜, 메이블린 인스턴트 에이지 리와인드 더블 페이스 퍼펙터, 끌레드뽀 보떼 뚜쉬 쉬블림, 클라란스 인스턴트 라이트 브러시-온 퍼펙트).

어린왕자의 메이크업 팁!

1. 화장발 잘 받는 방법

밤새 야근과 스트레스에 시달리면, 다음 날 아침 화장이 잘 받지 않는 다는 느낌이 들 때가 종종 있을 것이다. 사실 사람의 피부란 1년 내내 똑같을 수가 없다. 사실 건강이란 피부를 통해서 표현된다고 하지 않았던가? 사실 그럴 땐 몸을 편안히 쉬게 해 주는 것이 제일 좋은데 그래도 어쩔 수 없이 화장을 하면서 잘 받게 하려면 이렇게 해 보도록 하자.

(1) 아침에 팩을 해 보자

아침에 팩을 하면 더 좋은 경우가 많다.

그 위에 메이크업 지속력과 모공을 촘촘히 보이게 하는 경우가 많으니까. 건성 피부의 경우 시트마스크나 혹은 각질 제거 팩이, 지복합성 피부라면 모공관리팩, 머드팩이 도움이 될 것이다. 아침에는 시간이 귀하므로 팩을 하는 동안 옷을 고르거나 나갈 준비 시에 가방준비물을 살펴보는 것도 좋을 것이다. 팩을 할 엄두가 안 난다면 화장솜에 스킨을 듬뿍 적셔 이마, 볼, 코, 턱 부분에 올려놓아 5분 동안 스킨팩을 해 보자. 이 방식은 스킨케어와 메이크업을 잘 받게 해주는 역할을 한다. 그리고 알코올이 많이 들어간 스킨은 피하도록, 피부의 건조를 높일 뿐이다.

(2) 마일드한 각질 제거 제품을 사용해 보자

아침에 너무 강한 알갱이가 들어간 스크럽 제품보다는 따로 각질 제거 토너나 혹은 고마쥬 타입의 제품을 사용하면서 피부 들뜸을 예방하도록 한다(예: 홀리카 홀리카 메이크업 스타터, 클라란스 원 스텝 젠틀 엑스폴리에이팅 클렌저).

(3) 화장솜에 토너를 묻힌 후 냉동고에 5분가량 넣어두고 발라 보자.

살짝 살얼음이 맺힌다면 가장 좋겠지만, 바쁜 시간에 어렵다면 5분 정도는 냉동고에 넣어두고 시원하게 적신 화장솜으로 눈가를 중심으로 턱 아래 부분까지 쓸어 올리듯 발라주면 피부가 긴장하게 되어 부기가 감소하고, 피부결이 정돈되는 효과를 볼 수 있다.

(4) 잠시 동안 산책을 하자

앞의 3가지로도 컨디션이 나아질 기미가 보이질 않는다면 잠시 동안 시간을 내어 공원에 산책을 가 보자. 산책을 하면 운동 효과가 있고 좀 더 긴장이 풀어지면서 혈색이 도로 돌아오는 릴렉스 역할을 하니 일석삼조 효과를 거둘 수 있다.

여기서 잠깐!
피부화장을 하면서 각질이 보일 때?

피부화장을 하면서 왠지 보이지 않던 각질이 생겨 당황한 적은 누구나 있을 것이다. 이럴 때 각질을 일시적으로 잠재워 줄 수 있는 방법이 있다. 면봉에 모이스처라이저를 살짝 묻혀 각질이 있는 부위에 살살 문질러 준 다음 그 위에 컨실러를 사용하고, 파우더로 고정시켜 주면 감쪽같은 느낌을 받을 수 있다.

(5) 매트한 파운데이션은 삼간다

피부 컨디션이 좋지 않을 땐 가급적이면 한 단계 좀 더 촉촉한 파운데이션 제품을 사용하거나 파우더 사용을 줄이도록 한다. 컨디션이 좋지 않은 상태에서 매트한 파운데이션 사용은 자제하는 것이 좋다. 또한 파우더 사용은 피부를 오히려 들뜨게 만들 수 있다. 피부를 촉촉하게 한 상태에서 파우더 사용은 생략하고 리퀴드 타입이나 에센스 콤팩트 타입의 파운데이션만 사용해 보자.

2. 지성 피부를 위한 파운데이션 가이드

지성 피부엔 파운데이션을 고르는 것이 상당히 까다롭다. 지성 피부의 경우 파운데이션을 파우더리하면서 매트한 타입의 제품으로 선택하는 것이 좋은데 악지성의 경우엔 파운데이션이 나중에 뭉치면서 무너지는 경우가 종종 있다.

그런 경우라면 파운데이션을 사용하기 직전에 모공이나 번들거림이 신경 쓰이는 부분에는 보습제 사용을 최대한 줄이도록 한다. 그리고 자기 자신이 사용하는 파운데이션의 유분기를 적게 하려면 아스트린젠트나 혹은 파우더 로션을 함께 믹스해서 발라 보도록 하자. 파운데이션의 유분기가 적어지고 매트하게 마무리됨을 느낄 수 있다.

그리고 또한 악지성 피부의 경우는 스킨케어 단계를 줄이도록 한다. 가급적이면 스킨과 수분크림 혹은 에센스 타입으로 선택하고 제품이 스며들 때까지 충분한 시간을 둔다(그 이전 날에 피지분해를 위한 클레이팩이나 머드팩을 해 주는 것도 좋은 방법이다).

픽서 메이크업?

많은 전문가들이 메이크업의 지속성을 위하여 메이크업 픽서를 사용하는데 이것은 메이크업의 지속성을 높이는 것과 아무런 관련이 없다. 대신 진하게 표현된 메이크업을 자연스럽게 표현하는 데 도움은 줄 수는 있다.

메이크업 지속성을 높이고 싶다면 피니싱 파우더를 눌러 주고 수시로 면봉이나 화장솜, 퍼프를 들고 다니면서 수정해 주는 것이 효과적이다. 그리고 파운데이션이나 파우더가 뭉쳤을 시 퍼프에다가 로션 혹은 에센스, 수분효과가 있는 프라이머를 적당량 덜어서 펴 발라 주고 난 후 그 위에 파우더 팩트를 덧발라 주면 좀 더 깔끔하게 표현된다.

3. 모공 컨실러는 주름 다리미

요즘 모공 없는 피부가 유행하다 보니 실리콘 재질의 모공 컨실러가 속속 출시되고 있다. 사실 모공을 커버하기엔 실리콘 재질의 모공 컨실러 제품만 한 게 없다. 모공 컨실러는 모공뿐만 아니라 홈이 진 부분도 함께 커버가 가능하니 굳이 모공만 커버하지 말고 주름도 함께 커버를 해 보는 게 어떨까?

어차피 실리콘 베이스가 요철을 커버하는 데에도 효과적이니 잔주름 부위에 함께 발라 주면 좀 더 연해 보이고 파운데이션이 주름으로 인해 뭉치는 걸 줄일 수 있다. 그리고 주름 부위에 사용할 땐 가급적이면 매트한 타입은 피하고 촉촉한 타입으로 선택하자(모공 컨실러는 매트한 사용감이 있는 반면 촉촉한 사용감도 있다). 주름 부위는 건조해서 생겨나는 경우가 많은데 그 부위에 매트한 타입의 제품을 사용하면 오히려 더 건조증상을 느낄 수 있다(예: 닥터영 포어 이레이저 밤, 클라란스 인스턴트 스무드 퍼펙팅 터치).

4. 특별한 날을 위한 메이크업 테크닉

이벤트가 있는 행사 때에는 다른 때보다 더 열심히 메이크업하며 머리를 공들여 손질하게 된다. 그러나 화장하고 난 후 별문제를 못 느꼈는데 나중에 이벤트에서 사진을 찍을 때 번들거리고 흐트러진 모습으로 나와 실망하는 경우를 종종 목격하게 된다.

무엇이 문제일까? 무엇보다도 기초화장에서 문제를 찾아보면 해답이 나올 듯하다.

(1) 보습제 제품 사용을 줄인다

이벤트가 있을 땐 가급적이면 보습제 사용을 줄이도록 한다. 평상시에 별 번들거림을 느끼지는 못하더라도 사진을 찍으면 보습제 때문에 번들거려 흐트러진 모습으로 보이기 때문이다. 그리고 선크림 제품은 과감히 생략하도록 하자. 선크림 때문에 화장이 뭉치고 무너지는 감을 많이 느끼게 될 수 있기 때문이다. 대신에 자외선 차단지수 SPF가 15인 제품을 펴 발라 주도록 한다.

(2) 파우더는 꼭 바르자

요즘 자연스러운 민낯 상태를 위해서 파우더 사용을 과감히 생략하는 경우가 많아졌다. 그리고 건조한 피부에는 파우더를 바르면 건조감을 불러일으킨다는 문제가 있어 파우더는 많이 사용을 안 하는 추세다.

그러나 그냥 파운데이션을 바르고 셀카로 한번 찍어 보라. 그냥 볼 때는 가볍고 자연스럽게 광이 나는 듯하지만 사진에서는 플래시로 인해 번지르르한 느낌을 많이 받게 된다. 적어도 사진 찍을 때만큼은 파우더 제품을 꼭 사용하여 번들거림을 수시로 없애 주도록 한다.

여러분도 만약 기회가 있으면 모델들이나 연예인들이 잡지나 방송 녹화할 때를 수시로 살펴보도록 하라. 거짓말 안 보태고 카메라가 다른 데로 돌아가는 사이에 수시로 파우더 제품을 두드리는 것을 종종 목격할 수 있다. 연예인들 피부가 괜히 보송보송해 보이는 것이 아니다(오죽하면 마몽드 파우더 팩트 같은 제품을 연예인 팩트 제품이라고 그럴까?).

다른 날은 모르더라도 사진 찍을 때나 사진 찍힐 일이 많을 때 가방속에 꼭 파우더 팩트 제품을 넣고 다니도록 하자. 건조한 피부라면 수분감이 많은 파우더 팩트 제품으로 선택하면 된다.

(3) 밝은 파운데이션 제품은 NG

많은 여성들이 피부를 밝게 표현하고 싶어 자기 자신의 피부보다 한 톤더 밝은 파운데이션을 바르는 경우가 많다. 그러나 사진에 찍히면 어떻게 나오는지 아는가? 얼굴하고 목이 따로 노는 경우를 종종 보게 된다.

카메라 플래시는 밝은 색상의 파운데이션하고 궁합이 맞지 않는다. 그리고 자기 자신에게 맞는 색상이라 할지라도 카메라 플래시를 통해서는 붕 뜨게 나오는 경우가 많다. 카메라 플래시를 통해 사진발을 잘 받고 싶

다면 무엇보다 자기 자신의 피부 톤보다 한두 톤 어두운 색상의 파운데이
션 제품을 펴 바른다. 칙칙해 보이기 쉬운 부분은 따로 하이라이터를 넣어
주면 좀 더 입체감이 살아나고 충분히 환해 보이니 걱정할 필요가 없다.

⑷ 립글로스는 가급적이면 아래 안쪽으로 살짝 바르자

립글로스는 입술의 윤기를 제공하는 데 제격이지만 카메라 플래시
를 통해서 볼 때는 입술이 너무 두껍게 나온다고 하소연하는 분들이 적
지 않다.

사실 립글로스 광택과 카메라 플래시의 빛과 윤기 작용으로 인해 입
술이 좀 두껍게 나오는 경우가 적지 않기 때문이다. 가급적이면 립글로스
는 아래 안쪽에다만 살짝 펴 바르도록 하자(이걸로도 충분히 입술이 도톰
해 보일 수 있다). 그리고 립글로스는 입술 전체에 펴 바르는 것을 삼간다.
나중에 입술 라인으로 번져 사진을 찍을 때 지저분해 보이기 쉽다.

⑸ 펄이 과한 것은 삼간다

적당한 펄 감은 얼굴에 입체적인 느낌을 남겨 주지만 펄을 많이 쓰는
오히려 얼굴이 지나치게 지저분해 보일 수 있다. 카메라 플래시는 펄을 더
욱 번들거리게 나오게 할 수 있으니 펄은 반드시 입체감이나 환하게 밝혀
주어야 할 부위에다만 넣어 주도록 하자.

펄 감이 많은 아이섀도도 너무 붕 뜨게 만들 수 있으니 사진 찍을 때
만큼은 가급적이면 삼가는 것이 좋겠다.

⑹ 하품을 자주 하자

사진을 찍을 때 하품을 자주 하자. 정말 촉촉한 눈매로 보이고 싶다

면 더더욱 말이다. 하품으로 인해 나오는 눈물샘으로 당신의 눈을 촉촉하고 빛나 보이게 해 줄 테니까.

(7) 향수나 아로마 아이템을 활용해 보자

무작정 진한 향수보다 레몬이나 감귤 계열의, 상큼함이 느껴지는 시트러스 계열의 향수나 페퍼민트, 텐저린 아로마 아이템을 사용해 보도록 하자. 일시적이겠지만 향기를 통해 기분이 업되고 피곤함이 사그라지는 역할도 기대할 수 있다(예: 클라란스 오 디나미쌍뜨, 오리진스 피스 오브 마인드, 벳저 아로마 밤, 메리케이 벨로시티 오데퍼퓸).

5. 립스틱으로 소녀 같은 볼터치를

옛날 할머니와 어머니들께서 화장하실 때 립스틱을 그어서 손가락 끝으로 펴 바르는 것을 종종 보게 되었다. 파운데이션을 바르고 난 후 파우더 바르기 직전에 사용하는 방식이었고 또한 유일한 볼터치 방

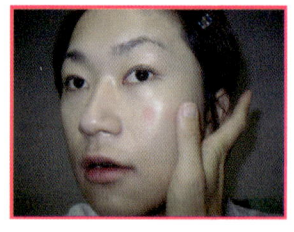

식이었다(여담이지만 어머니 시절 1970년대 초반까지만 하더라도 블러셔 제품은 상당히 귀했고 또한 수소문을 해야 구할 수 있었다고 한다).

사실 지금 생각해 보면 립스틱만큼 자연스러운 블러셔 제품이 없다는 것을 느끼게 된다. 꼭 블러셔 제품이 있어야 볼터치가 되는 게 아니다. 자기 자신이 화장대 서랍에 썩히고 있는 립스틱으로도 충분히 볼터치를 할 수 있다. 파운데이션 후나 파우더 전에 터치해야 할 부위에다가 점을 찍어 그어 주고 난 다음에 약지와 중지를 서로 붙여서 톡톡 두드리듯이 터치를 해

보자. 발그레한 느낌으로 연출할 수 있으면서 윤기가 흐르게 볼터치를 연출할 수 있다.

군이 스틱타입이나 크림타입의 볼터치 제품을 구입할 필요 없이 레드 립스틱이나 핑크 립스틱으로도 얼마든지 연출할 수 있으니 일석이조가 아닌가? 구태여 따로 크림타입의 블러셔를 구입할 필요는 없지 않은가? 그리고 펜슬타입의 립스틱 제품도 얼마든지 활용이 가능하니까 명심하자.

그리고 자연스러운 광택을 원한다면 파운데이션을 펴 바르고 난 후 그 위에 살짝 그어서 블렌딩을 한 다음 파우더 사용은 가급적 피하고 좀 더 지속성을 높이려면 그 위에 파우더를 살짝 덮어 준다.

6. 피그먼트로 빛나는 보디

내가 대학교 졸업작품 준비할 때 한 동료가 보디에 바르는 샤이닝젤이 없어서 곤란해하던 기억이 있다. 깜빡하고 못 가져와서 속상해했는데 그때 한 가지 아이디어가 떠올랐다. 피그먼트 제품과 보습제 제품으로 한번 믹스를 해 보기로 한 것이다. 결과는 의외로 샤이닝젤 못지않은 효과를 가져왔고 반응도 괜찮았다.

사실 옛날에 엄정화 씨의 〈몰라〉에서 나온 샤이닝 메이크업 때도 피그먼트를 로션이랑 적당히 섞어 얼굴에 하이라이팅 효과를 내기에도 그만이었다.

7. 푸른색 아이섀도의 아름다움

폴라 비가운 아줌마께서 "푸른 아이섀도를 금하다"라고 말씀하신 적이 있다. 폴라 비가운 아줌마가 푸른색 아이섀도를 금하신 이유를 알아보니 젊을 때나 피부상태가 좋을 때 푸른색 아이섀도를 칠하면 좋게 보일 수는 있겠지만 나중에 나이가 들고 피부상태가 좋지 않으면 푸른색 아이섀도로 인해 사람이 모자라 보일 수 있다는 것이었다.

사실 듣고 보니 일리가 있는 말이었다. 그러나 동양사람에게 푸른색 아이섀도를 포인트로 살짝 넣어 주면 그렇게 잘 어울릴 수가 없다. 특히 한여름에 스모키는 무거워 보이므로 파란색 아이섀도를 살짝 포인트로 넣어 주는 것이 더 시원스럽고 깔끔해 보일 수 있다.

그러나 주의할 사항은 결코 욕심 내어 눈두덩에 넓게 펴 발라 주어서는 안 된다는 것이다(요즘 심플한 메이크업이 주류를 이루다 보니 그렇게 하는 사람은 많지 않다는 게 다행이다). 반드시 아이라인 같은 느낌으로 포인트를 넣어 주되 결코 그 이상으로 넓게 터치를 하지 않도록 한다. 블루톤의 아이섀도를 눈 전체에 발랐다간 자칫 너무 야해 보이거나 멍든 사람처럼(!) 보일 수 있을 테니까!

그리고 무엇보다 기억해야 할 사항은 블루톤의 아이섀도를 칠하기 전 피부 컨디션을 좋게 연출하도록 한다. 아무리 예쁜 블루 아이섀도 색상이라 할지라도 피부 컨디션이 나쁜 상태에서 사용하면 오히려 안 하느니만 못한 결과를 가져올 테니까 말이다.

8. 메이크업 수정하기

메이크업을 수정하기에 앞서 제일 중요한 것은 화장솜과 면봉을 꼭 휴대하고 다니는 것이다. 화장솜은 뭉쳤을 때 부분적으로 지울 수 있거니와 피지 분비가 생겼을 시 미스트나 혹은 물에 묻혀 톡톡 두드리면 번들거림을 효과적으로 제거할 수 있으며 또한 퍼프가 없을 시 1회용 퍼프 대용으로도 사용할 수 있기 때문이다.

그리고 면봉은 화장을 수정하거나 혹은 립브러시 대용, 아이라이너를 그라데이션으로 펴 주거나 혹은 펜슬로 눈썹을 그려 주고 난 다음에 눈썹의 산을 수정하거나 눈썹의 앞머리, 진한 부분을 연하게 수정할 수 있다.

밖에서 아이라이너나 마스카라가 번졌을 때 리무버가 없어서 난감했다면 그 샘플용기에다가 따로 아이리무버 내용물을 덜어 휴대하길 권한다. 그리고 화장하면서 뜨거나 혹은 각질이 생겼다면 화장솜에 미스트나 물을 묻혀 톡톡 두드려 주고 난 다음 면봉 끝에 로션을 묻혀 제거해 보자. 부분적으로 생긴 각질을 즉석으로 잠잠하게 해 줄 수 있다.

파우더를 덧바를 때 많은 분들이 기름종이를 꼭 사용해야 한다고 하지만 사실 꼭 그렇지는 않다. 티슈가 있기 때문이다. 먼저 티슈를 파우더가 적당히 묻은 퍼프에 감싸 주고 난 다음 얼굴 전체에 가볍게 두드려 보자. 좀 더 깔끔하게 뽀송뽀송한 느낌이 들 것이다. 그리고 또 번들거림을 오래 잡고 싶다면 얼굴 전체를 티슈로 감싸 주고 난 다음 퍼프를 두드리는 것도 좋은 방법이다.

번들거리는 피부에 파우더 제품을 바를 시 제일 먼저 오일 페이퍼로 눌러 주거나 혹은 최소한 부드러운 티슈를 이용해 유분기를 눌러 제거한다. 아무래도 유분기가 많은 상태에서 파우더 제품을 바르는 건 화장을 금세 뭉치게 만든다. 그리고 파운데이션 수정 시 파우더 파운데이션(일명 트윈케이크)만 한 제품은 없다.

파운데이션을 아침에 바른 듯한 느낌을 연출할 수 있는데, 아무리 기름종이로 눌러 제거해도 뭉치는 느낌이 든다면 퍼프에다가 물이나 미스트를 살짝 뿌려 적신 다음 파우더 파운데이션 내용물을 살짝 묻혀 주고 퍼프를 반으로 접어 살살 펴 바르도록 한다. 그러나 조심해야 할 사항은 파우더 파운데이션을 물과 함께 사용하면 아무래도 커버력이 높아지므로 소량씩 발라 주는 센스가 필요하다.

휴대하고 다니기에 좋은 이레이저 펜

요즘은 메이크업이 번질 때 쓰는 이레이저 펜 제품들이 종종 나오고 있다. 입술이 번지거나 혹은 눈 아이라인이나 마스카라가 번질 때 쓰윽 그어 주고 난 다음 면봉으로 지우면 끝! 눈 화장이 잘 번져서 걱정이라면 파우치 속에 하나쯤은 가지고 다닐 만한 아이템이다(예: 레브론 이레이저 메이크업 펜, 오드아이 이레이저 펜).

9. 가장 중요한 클렌징 스텝

1990년대 초반 "화장은 하는 것보다 지우는 것이 더 중요합니다"라는 고현정 씨의 모토가 있었다.

그렇다. 화장은 예쁘게 하는 것만큼 지우는 것도 상당히 중요하다. 그러나 아직도 많은 분들은 클렌징에 대해 소홀히 하는 경향이 있다(클렌징이 너무 철저한 나머지 피부의 필요한 피지막과 각질을 없애버려 건조하게 만드는 사람들도 많다). 메이크업을 할 땐 정성스레 하면서 클렌징을 할 땐 대충 지우는 경우가 많기 때문이다. 무엇보다 제일 민감하고 연약한 눈 주위에 일반 클렌저 제품으로 아무렇게나 지우는 경우를 종종 보니 말이다. 일반 얼굴 전용 클렌저로는 눈 화장을 70%밖에 못 지우는 반면, 따로 아이 메이크업 리무버로 지우면 거의 90% 넘게 제거할 수 있다.

무엇보다도 눈 화장을 지울 땐 천천히 여유를 갖고 지우는 것이 중요하다. 게다가 눈은 제일 민감한 부위이므로 전용 리무버를 부드러운 화장솜에 충분히 묻히고 눈두덩의 메이크업이 녹을 때까지 자연스레 2분 정도 기다린다(잠시 아이 메이크업이 녹을 동안 음악 한 곡을 들으며 기다리는 것도 좋은 방법이다).

눈썹 아래를 들고 아래로 쓸어 주듯이 닦아 내고 아래는 위로 향하여 부드럽게 닦아 낸다. 그리고 눈썹 부분과 아래 주위는 안에서 바깥쪽으로 닦아 내고 나머지 잔여물은 면봉을 통해 다시 한 번 닦아 낸다(그다음에 얼굴 클렌징 후 아이 메이크업 잔여물이 또 남을 수 있으므로 면봉에다 리무버를 묻혀 다시 한 번 닦아 낸다).

(1) 클렌징 밀크

원래는 티슈로 닦아 내는 타입들이 많았으나 요즘엔 물로 씻어 낼 수 있는 투웨이 타입의 제품들로 나오고 있는 추세다. 클렌징 제품 중에서 제일 연한 제품이므로 제일 연한 메이크업이나 민감한 피부나 건성 피부에 세안이나 클렌징 용도로 적합하다.

그리고 베이스 메이크업을 클렌징 밀크를 이용해 효과적으로 지우려면 얼굴 전체에 부드럽게 묻히고 난 다음 따뜻한 물에 적신 클렌징 타월이나 해면 스펀지로 닦아 내면 효과적으로 제거할 수 있다.

(2) 클렌징 크림

클렌징 제품 중에서 가장 구식적인 제품이다. 미네랄 오일이나 각종 와스 성분으로 진한 분장 메이크업을 지우는 데 효과적이겠지만 민낯 같은 메이크업이 유행하는 요즘엔 상당히 시대착오적 제품이다. 클렌징크림은 이제 흘러간 제품 중 하나이나 요즘은 워셔블 형태로 나오고 있다.

(3) 클렌징 오일

수용성 오일 아이템이다. 클렌징 크림은 흘러간 제품으로 인식되면서 물로 간편하게 헹굴 수 있는 클렌징 오일 제품들이 많이 사용되고 있다. 풀 메이크업도 이 클렌징 오일 제품이면 깨끗하게 제거할 수 있다는 장점은 있지만 지성 피부나 여드름 피부에는 오일막이 남아 트러블이 생기게 할 수 있다.

건성 피부라면 단독 사용은 가능할 수 있으나 지성 피부나 여드름 피부에는 따로 한 번 더 폼클렌징을 사용하는 것이 효과적이다. 그리고 아넷사 같은 일본 수정액 선크림이나 에스티 로더의 더블웨어 같은 롱래스팅 파운데이션을 제거하기엔 클렌징 오일만 한 제품이 없는 게 사실이다.

(4) 클렌징 리퀴드

클렌징 오일을 사용하면서 트러블을 호소하는 사람들을 위한 클렌징 오일의 진보된 타입이라 할 수 있다. 사용감이 산뜻한 묽은 에센스 같으면서 헹굼성도 좋기는 하나 풀 메이크업을 지우기에는 어려운 부분이 있기에 중간 메이크업 제거 시 사용하면 좋다.

(5) 클렌징 젤

젤 타입의 클렌징 제품으로서 묽은 젤리 형태를 띠고 있다는 게 특징이다. 산뜻하고 시원한 감촉으로 여름이나 지성 피부에 많이 사용되나 메이크업 제거력에는 약한 부분이 많으므로 연한 메이크업이나 지성 피부, 여름철 밤에 어느 정도 지워진 상태의 메이크업일 때 사용하도록 한다.

클렌징 젤 제품도 요샌 클렌징 크림이나 로션처럼 워셔블 형태나 젤타입의 폼 클렌징 제품으로 나오고 있으니 헷갈리지 않도록 하자.

여기서 잠깐!
클렌징크림, 로션, 오일 리퀴드 제품들은 손에 물기가 있는 상태에서 사용하면 메이크업 제거력이 상당히 떨어지므로 무엇보다 손에 물기가 없는 아무것도 안 바른 상태에서 사용하는 것이 제일 효과적이다.

(6) 포밍 클렌저

일명 폼클렌징 제품이다. 요즘 클렌징 제품 중에서 가장 일반화되어 있는 아이템이기도 한데 세안용도로 가장 많이 쓰이곤 한다. 무엇보다 포밍 클렌저로 메이크업을 지우려면 제일 먼저 아이 메이크업은 전용 리무버로 지우고 난 다음 얼굴 전체에 물을 20번 정도 적셔 준다.

그다음에 포밍 클렌저를 거품을 충분히 풍성하게 내어 준 다음 얼굴전체에 부드럽게 핸들링을 해 주고 비눗기가 남지 않도록 충분히 헹궈 준다. 그리고 요즘은 폼클렌징 제품도 원스텝 제품으로도 나오고 있는 추세이니 지복합성 피부라면 한 번 고려해 볼 만하다.

(7) 클렌징 워터

스킨 같은 질감으로 간편하게 클렌징을 할 수 있는 제품이다. 지성 피부에 적합하며 원래는 알코올 느낌이 있기에 민감한 분들에겐 그다지 추천을 해 주지 않았지만 요즘은 알코올프리에다가 마일드한 제품도 종종 나오고 있다. 피지로 얼룩진 화장이나 혹은 연한 메이크업, 늦은 밤 귀가 시 물로 클렌징하기 귀찮을때 사용하기에 좋다.

(8) 클렌징 티슈

간편하게 들고 다닐 수 있는 제품이다. 날마다 사용하기엔 다소 부담스러울 수 있겠지만 재빨리 화장을 지울 일이 필요하거나 혹은 메이크업을 다시 해야 할 필요가 있을 때, 너무 피곤해서 화장을 지우기가 힘들 때 요긴한 아이템이다.

(9) 클렌징 클로스

티슈타입이나 물에 묻히면 거품이 나와 거품으로 문질러 메이크업을 제거하는 제품이다. 풀 메이크업에는 다소 무리가 있으나 쉬어 메이크업에서 미디엄 메이크업까지는 미지근한 물로 잘 지워진다. 특히 메이크업이 잘 뜨는 피부라면 고려해 볼 만한 아이템이다.

(10) 아이 메이크업 리무버

피부 중에서 가장 연약한 부분을 위한 클렌징 제품 오일과 물의 2중층, 워터타입 2가지로 나뉜다. 눈화장을 옅게 하거나 잘 안 하는 사람이라면 그다지 필요치 않지만 눈화장을 즐기는 사람이라면 지우는 데 신경을 써야 한다(사용법은 123페이지 참고).

이럴 때 이렇게!

1. 대학 새내기를 위한 파릇파릇 메이크업

　내가 학창시절 때 항상 해마다 잡지나 신문에서 봄맞이로 대학생 혹은 사회 초년생을 위한 메이크업 난에 기재된 것이 있었다. 거기서는 메이크업 베이스에다 파운데이션, 스킨커버, 트윈케이크 등을 사용하여 정말 가면을 쓴 것 같은 베이스 메이크업에다가 그 위에는 눈, 볼, 입술 다 핑크톤의 메이크업을 하란다.

　정말 그 당시에는 하나같이 두터운 피부화장에 누구나 다 어울린다고 보기 힘든 핑크 메이크업을 하고 다니는 걸 보고 '아… 왜 하나같이 핑크톤의 메이크업을 권하지? 사실 자기 자신에게 맞는 색깔은 따로 있는데 말야'라는 생각이 들었다. 대학 새내기는 무엇보다 깔끔한 피부 표현과 눈썹, 깔끔한 속눈썹과 아이라인, 볼터치에 신경 쓰는 게 좋다고 할 수 있다.

　사실 사회 초년생에게 성숙한 메이크업은 상당히 답답한 느낌을 줄 수 있다. 게다가 하나같이 핑크톤을 하고 다닌다면 누가 누군지 알아보기 힘들지 않겠는가? 대학 새내기들에게 권하고 싶은 사항은 제일 먼저 내 모습 중에서 어디가 제일 매력 포인트인지를 살펴보는 것이다.

입술이 아름답다면 입술을 틴트나 립글로스로 강조해 주되 화사한 피부 톤이라면 핑크나 레드, 오렌지 계열로, 피부 톤이 건강한 톤이라면 브라운톤이나 누드계열의 색상을 선택하고 눈은 뷰러로 살짝 올려 주도록 한다. 눈 화장으로 눈매를 돋보이게 하고 싶다면 마스카라와 아이라이너로 포인트를 주고 입술은 립밤으로도 충분하다.

여학생들의 화장……

10년이면 강산도 변한다고 요즘 여중생이나 여고생들의 화장은 일반화된 지 오래다. 심지어 요새 초등학생들도 메이크업을 하고 다니는 추세다. 그러나 학생들의 지갑 사정을 고려하여 로드숍 브랜드의 제품들이 많이 생겼다. 또 요즈음 여학생들 치고 파우치를 안 들고 다니는 경우는 거의 없어졌다.

교복 차림에 비비크림, 파우더 팩트를 비롯하여 아이라인, 마스카라, 틴트, 립글로스, 볼터치 등등. 할 건 다 하고 다닌다. 내가 학생시절 때는 기껏해야 주니어용 파우더, 립글로스나 립밤이 전부였던 걸 생각하면 정말 세월이 참 많이 변했구나 싶다.

내가 예전에 명동의 한 로드숍에 들렀을 때 일이다. 로드숍의 메이크업 아티스트로 일하는 직원분께서 로드숍에 들르는 학생들의 모습을 유심히 잘 살펴보고 말씀해 주셨는데, 화장을 떡칠 하고 다니는 학생들은 여중생~고등학교 1학년, 어느 정도의 화장은 2학년, 거의 민낯은 3학년이라고 보면 된다고 했다. 고등학교 3학년은 야자와 수능시험 준비로 거의 민

낮으로 다닐 수밖에 없다고 하면서도 피부는 도저히 못 봐 주겠다고 그러셨다.

어릴 때 한창 피부가 좋을 나이에 그렇게 화장을 떡칠 하니 나중에 고등학교 3학년이 되자 피부가 좀 이상해지는 것을 많이 보셔서 그런게 아닌가 싶었다(게다가 수면 부족도 말할 필요는 없겠지). 피부가 한창 좋을 나이에 그렇게 화장을 떡칠하고 다녀서 나중에 후회하면 어떡하나? 화장을 한다고 해도 나중에 화장 지우는 방법을 몰라서 트러블을 호소하는 여학생들의 메일이나 쪽지를 종종 받곤 한다. 사실 '신진대사가 그렇게 활발하게 이루어지는 시기에 그렇게 화장을 떡칠 하니 당연하지'라는 생각이 들기도 한다.

내가 학창시절 때 어르신들께서 "너희 나이엔 아무것도 안 발라도 예뻐. 화장은 나이가 들면서 민 얼굴로 다니기 민망할 때 하는 거야. 나중에 화장 안 하고 싶어도 다 하게 돼"라고 하시는 말씀을 많이 들었는데, 그러한 말씀이 어른이 된 지금에서야 제대로 와 닿는다. 정말 젊음이라는 게 모든 것을 다 보여 주는 것이 가장 아름답다는 것도….

사실 나는 주위 여학생들이 나에게 메이크업 제품을 추천해 달라고 할 때마다 "지금 있는 그대로의 모습이 제일 아름다워요"라고 말하고 싶은 마음이 굴뚝같다. 메이크업은 하긴 하되 무엇보다 자기 자신의 있는 모습을 그대로 보여주는 게 더 아름답지 않을까? 게다가 메이크업에 대한 호기심으로 결코 스킨케어나 자외선 차단에 소홀히 해서는 안 된다는 것을 말하고 싶다.

무엇보다 중요한 것은 간단하게 피부 톤을 정리해 주는 컬러로션과 눈썹 마스카라, 립밤 정도로도 충분히 아름다울 나이라는 것이다. 엄마나 언니 몰래 립스틱이나 아이라이너를 과하게 그려 어색함을 주는 것은 그 누구도 원하지 않을 테니까.

(1) 파운데이션이나 커버력이 뛰어난 팩트는 사용하지 말자

충분히 예쁜 피부에 굳이 파운데이션이나 커버력이 뛰어난 팩트를 사

용하면 무슨 소용이 있겠는가? 피부 톤을 깔끔하게 정리해 주는 컬러로션이나 번들 거림을 살짝 잡아 주는 역할은 파운데이션 이나 팩트 제품보다는 주니어용 파우더 제 품을 사용하도록 하자.

(2) 눈썹은 깔끔하게 밀되 그리지는 말자

아직 눈썹을 그리지 않아도 되는 나이 에 눈썹을 그리면 너무 답답해 보이지 않을

까? 대신 깔끔하게 밀도록 하되 따로 투명 마스카라나 눈썹 마스카라로 눈썹 결을 살 짝 정리해 주도록 한다(눈 화장도 역시 마 찬가지다. 아이라이너와 마스카라는 특별한 이벤트가 있을 때만 사용하도 록 하고 평상시에는 뷰러로 살짝 집어 주도록 한다).

(3) 입술은 투명한 립밤으로

입술은 투명한 색상의 립밤으로도 충

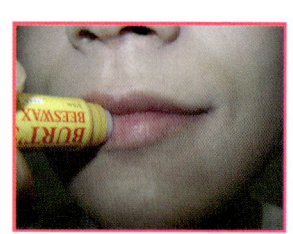

분하다. 틴트나 립스틱, 색상이 있는 립글 로스는 괜히 엄마나 언니 제품을 몰래 바

르는 느낌으로밖에 보이지 않는다.

⑷ 무엇보다도 선크림 사용은 반드시 필수

나는 어머님의 "피부는 좋을 때 지켜 주어야 한다"는 말씀에 실감하고 있다. 무엇보다도 고운 피부를 지켜야 할 나이에 메이크업에 대한 흥미로 스킨케어에 소홀히 해서는 안 된다. 그리고 무엇보다도 어머니께서 딸에게 그 나이에 어울리는 메이크업과 스킨케어를 올바르게 가르쳐 주어야 할 때 가 되었다고 생각한다. 어머님들이여, 딸들에게 올바른 아름다움을 가르쳐 주도록 하자.

2. 단정하고 세련된 면접 메이크업

면접 볼 때는 누구나 다 긴장하고 떨리기 마련이다. 면접 메이크업을 할 땐 무엇보다도 편안하게 릴렉스하는 게 중요하며 또한 기초제품은 가급적이면 적게 바르도록 한다. 긴장으로 인해 땀이 나 기초제품과 메이크업 제품이 서로 얼룩지면 안 되므로 간단하게 스킨과 보습 제품만 사용하도록 한다. 그리고 면접 메이크업 때 깔끔하고 단정하며 심플함이 돋보이게 해 주어야 한다.

피부 톤을 깔끔하게 정리하되 잡티 부위와 다크서클 부분에는 따로 컨실러로 커버를 해 주고 중간 톤의 립스틱 색상으로 포인트를 준 다음 눈은 마스카라와 아이라이너로 깔끔하게 마무리를 해 주는 것이  좋다. 그리고 너무 유행을 따라가는 모습을 보여 주면 비호감으로 보일 수 있기에 가급적이면 차분하게 젠틀한 모습을 보여 준다.

3. 매일 봐도 질리지 않는 커리어우먼 메이크업

커리어우먼의 일상은 항상 메이크업을 하지 않으면 안 되는 상황이다.

정말 중요한 것은 매일매일 보아도 결코 질리지 않는 메이크업의 모습이다. 옷차림과 패션 색상, 피부 톤에 맞는 메이크업을 해 주는 것이 가장 중요하다. 그리고 아침에는 가급적이면 심플하게 메이크업을 하는 것이 좋다. 낮에는 빛이 살아 있기에 적은 메이크업으로도 충분히 효과를 볼 수 있다.

무엇보다 제일 중요한 건 헤어스타일이다. 낮 메이크업은 피부 톤을 깔끔하게 정리하고, 페이스 컬러, 마스카라를 넣어 주면서 발랄하게 보이게 하며, 입술은 투명한 색상으로 정리하되 헤어스타일만큼 공을 들여야하는 부분도 없다. 낮에 헤어스타일을 잘 정리해 주어도 충분히 깔끔한 인상을 줄 수 있기 때문이다.

반면에 밤은? 낮에 비해 자기 자신의 얼굴빛을 잃어버리게 만들므로 메이크업에 좀 더 신경 써 줄 필요가 있다(만약 당신의 모발색이 밝다면 더더욱 그러하다). 따로 아이라인과 마스카라를 한 번 더 칠해 주고 난 다음, 낮에 사용한 제품에 비해 좀 더 진한 색상의 볼터치나 립스틱(볼터치가 없다면 립스틱으로 대신해도 좋다)으로 포인트를 넣어 주고 마지막으로 향수를 뿌려 주도록 한다. 밤 모임에 자기 자신의 향기를 남기는 만큼 긴 여운을 남기는 것도 없을 테니까.

4. 파티에서 톡톡 튀는 판타지 메이크업

파티에서 자기 자신을 돋보이게 하는 메이크업을 한번 생각해 보았는가? 그렇다고 너무 펄이 과감하거나 진하고 번들거리는 색상으로 메이크업을 하면 오히려 에로배우처럼 야하거나 모자라 보일 수 있다. 평상시에 사용해 보지 않았던 레드톤의 아이섀도나 초록색 아이섀도를 사용하는 것도 좋은 방법이기는 하나 확실하게 포인트를 넣어 주어야 한다. 포인트를 살짝 넣어 주되 너무 많이 사용하면 오히려 저렴해(?) 보일 수 있으므로 포인트만 넣어 주는 센스가 필요하다.

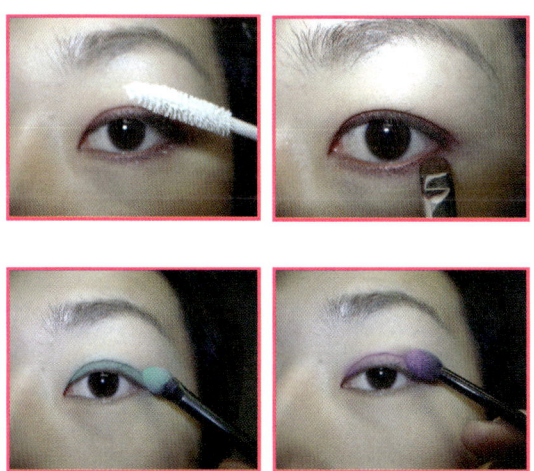

그리고 피부나 입술을 빛나게 연출하고 싶을 땐 골드색상의 립글로스와 하이라이터가 대표적이라 할 수 있는데 골드색상의 립글로스는 자기자신의 피부 톤을 환하게 하고 골드색상의 하이라이터는 얼굴은 물론 쇄골, 팔, 어깨에 두루 사용하면서 곡선을 럭셔리하게 연출할 수 있으니 하나

쯤 가지고 있으면 꽤 유용한 아이템이다.

먼저 골드색상의 립글로스는 립스틱 위 중앙에 넉넉히 발라 볼륨감 있게 연출하고 단독 사용 시에는 반드시 립라이너를 사용하면서 골드펄감이 입술선 밖으로 나오지 않도록 한다. 아무래도 골드색상이 입술선 밖으로 나오면 지저분해 보일 가능성이 크다.

그리고 골드색상의 하이라이터는 T존, 턱 부분을 함께 쓸어 주고 눈에는 C자(눈썹 끝과 눈가 뒷머리로 이어지는 부분)에 살짝 터치를 해 준다. 그리고 눈 아래 특히 다크서클 부위에는 바르지 않도록 한다. 오히려 다크서클이 더 도드라지게 보일 가능성과 함께 눈 밑 주름도 함께 강조되기 때문이다.

그리고 얼굴뿐만 아니라 쇄골, 어깨, 팔 부분, 그리고 다리에 함께 발라 주면서 몸매 곡선을 좀 더 밝혀 주는 데도 효과적이라고 할 수 있다. 그리고 피부뿐만 아니라 골드 하이라이터 파우더를 머리에 브러시로 살살 탁 털어 주면 빛나는 머릿결 연출에도 효과적이다.

5. 애인에게 사랑받는 러블리 메이크업

데이트 전, 사실 많은 여성들이 애인에게 사랑받는 모습을 위하여 지금도 화장대에 앉아 메이크업을 정성스레 한다. 그러나 정성스러운 메이크업에도 불구하고 결국 실패하여 피를 보는 케이스를 적지 않게 본다.

사랑받는 모습을 원한다면? 무엇보다도 레드 립스틱과 스모키 메이크업은 기피해야 할 1순위다. 주위 남자분들에게 직접 물어보라. 여자친구의 어떠한 모습을 제일 사랑스러워하는지를…. 대부분 레드 립스틱이나 스모키 메이크업에 대해선 고개를 절레절레 흔든다.

그럼 남자들은 애인의 어떠한 모습을 사랑할까? 그것은 바로 화장기가 없는 듯한 민낯에 가까운, 샤워나 목욕을 끝낸 후 얼굴 같은 모습을 더 사랑스러워한다(많은 여성들이 레드 립스틱이나 강렬한 눈 화장을 원하는 반면 남성들은 민낯 같은 느낌을 선호하니 참 아이러니가 아닐 수 없다. 롤러 코스터의 "남자, 여자 몰라요. 여자, 남자 몰라요"가 괜한 말은 아닌 듯싶다). 특히 고현정, 임수정, 한가인 같은 메이크업을 보면 이해가 되지 않을까?

이제 남자친구랑 데이트할 때 사랑받고 싶다면 여우같이 감쪽같은 메이크업 자세가 필요할 때다. 이를테면 프랑스 여인들의 프렌치 시크 스타일을 떠올려 보자. 프랑스 여인들의 화장은 화장기가 없어 보이지만 사실 알고 보면 할 건 다 한 경우가 많다.

준비물

(1) 틴티드 보습제 & 쉬어 타입 파운데이션

화장기가 없는 모습을 원한다면 무엇보다 자연스럽게 윤기가 도는 타입의 틴티드 보습제(컬러로션)나 쉬어타입의 파운데이션 제품으로 내 피부 톤, 특히 목 피부색이랑 잘 어울리는지 살펴본다. 환한 피부 톤을 원한다고 한 톤 더 밝은 색상을 선택하면 목 피부랑 따로 놀아 남자친구도 화장했다는 것을 눈치 챈다.

피부를 커버하기보다 간단하게 피부 톤을 정리하는 느낌으로 그쳐 준다(만약 틴티드 모이스처라이저 제품이 없다면 파운데이션과 자기 자신이 사용하고 있는 로션이나 크림에 1:1 믹스를 하면 멋진 셀프 틴티드 모이스처라이저가 된다. 항상 즉석으로 사용하기에 좋지만 그렇다고 미리 만들어 놓아 따로 내용물을 보관해 놓지는 말자).

(2) 하이라이팅 펜과 커버력이 좋은 컨실러

커버력이 좋은 컨실러 제품으로(커버력
이 좋은 컨실러 제품을 찾는다면 도랑타입
이나 혹은 스틱타입이 적합하다) 다크서클,
잡티 부분을 터치하고 난 다음 피부색이랑
경계선이 없도록 두드리면서 터치한다. 그

리고 환한 느낌을 불어넣어 주는 하이라이팅 펜 제품으로 T존, 눈 밑, 입술
옆, 턱 부분에 살짝 터치하여 준 다음 경계선이 없도록 가볍게 블렌딩을 해
보자. 피부가 한결 더 어려지고 화사한 느낌을 연출할 수 있을 것이다.

눈가 다크서클 부분에는 무엇보다 환하게 연출해야 하므로 컨실러
색상은 자기 자신의 피부 톤보다 더 밝은 색상으로 사용한다. 만약 밝은
색상의 컨실러가 없고 잡티 전용 컨실러가 있다면 제일 먼저 다크서클 부
분에 가지고 있던 컨실러 제품으로 커버한 뒤 하이라이팅 펜으로 살짝 그
려 넣어 주면 한결 더 환해지는 느낌을 받을 수 있을 것이다.

(3) 피니싱 루스 파우더

피부가 건조하다면 파우더 사용은 그다지 권하고 싶지 않다. 다만 피
부화장의 밀착력과 지속성을 원한다면 파우더만 한 제품이 없는데 피니싱
파우더 제품을 퍼프에 묻혀서 사용하는 것보다는 브러시에 묻혀서 번들거
림을 없애 주는 느낌으로 가볍게 쓸어 주듯이 발라 준다.

파우더를 적게 바른다고 걱정하지 말 것. 소량의 파우더로도 충분히
지속성이 좋기 때문이다.

(4) 가벼운 색상의 블러셔

볼 부분에 쉬어색상의 블러셔(연한 복숭아색, 연한 베이지색) 제품으로 볼 주위를 넓게 펴 발라 주자. 이러한 연한 색상은 넓게 펴 발라도 실수할 확률이 적거니와 보다 자연스러운 느낌 연출이 가능하다. 다만 펄이 강한 느낌의 블러셔 제품은 피하도록 한다.

(5) 디파이닝 기능의 마스카라

볼륨이나 섬유질 가루로 속눈썹에 마스카라 했다는 표시보다는 깔끔하게 뷰러로 올려 준 듯한 느낌으로 연출하도록 한다. 특별한 기능의 마스카라보다는 속눈썹을 깔끔하게 연출해 주는 느낌의 디파이닝 마스카라 제품이 효과적이다.

(6) 눈썹 마스카라

아이섀도나 펜슬로 부자연스러운 느낌을 연출하기보다는 눈썹 마스카라로 눈썹 결 따라 정리해 준다. 대신 머리색에 맞는 컬러 제품으로 선택하되 눈썹 앞머리는 진하게 넣지 않도록 한다. 그리고 눈썹이 연하다면 아이섀도로 빈틈에만 살짝 넣어 준 다음에 눈썹 마스카라를 살짝 칠한다.

(7) 발그레한 느낌의 틴트

입술은 발그레하게 물들인 듯 틴트 제품으로 살짝 터치해 준다. 입술 안쪽 위주로 살짝 터치하여 발라 주되 틴트 제품 하나만 사용하면 입술이 건조해질 우려가 크므로 무광택의 립밤 제품을 위에 덧발라 주도록 한다.

6. 땀 뻘뻘 흘려도 당당한 내추럴 메이크업

땀이 흘러도 메이크업을 당당하게 연출하고 싶다면? 반드시 꼭 필요한 부분에만 사용하는 것이 중요하다. 메이크업을 두텁게 하는 것이 더 지속성이 높을 것 같지만 그렇지는 않다. 오히려 나중에 땀과 피지로 인해 얼룩질 뿐이니까.

컨실러나 스틱타입의 파운데이션으로 커버가 꼭 필요한 부위에만 그어 주어 커버하고 난 다음에 넓게 펴 발라 주자. 그다음 파우더는 퍼프로 발라도 되지만 오히려 화장이 두텁게 보일 수 있기에 가급적이면 브러시로 쓸어 주듯이 발라 주는 것이 더 좋다. 파우더를 적게 바른다고 불안해하지 말자. 오히려 적은 양으로도 충분히 오래 지속시켜 주니까 말이다.

그리고 그 이전에 베이스부터 잘 깔아 주는 것도 좋은데 그 이전에 일본의 수정액 선크림(ex: 시세이도 아넷사) 제품을 발라 주고 메이크업을 하면 나중에 땀으로 인해 무너질 가능성이 적다. 그리고 아넷사 선크림 제품은 피부가 매트하다 못해 당기는 현상이 있으므로 그 이전에 보습을 충분히 해 주도록 한다.

또한 파운데이션을 바를 때 얼굴 전체에 최대한 가볍게 펴 발라 주고 난 다음 양 손바닥을 비벼 얼굴 전체를 감싸 밀착력을 높이도록 한다. 그리고 파우더 파운데이션을 사용하는 방법도 있는데 좀 더 지속성을 높이려면 퍼프에다가 물이나 혹은 미스트를 살짝 묻혀 꽉 짜서 사용하는 방법이 있다. 이렇게 사용하면 파운데이션이 뭉침 없이 시원한 느낌과 함께 피부 체온을 낮춰 주는 효과가 있는데 조심해야 할 사항은 물 묻힌 퍼프에다가 내용물을 조금씩 묻혀 사용해야 한다는 것이다.

퍼프가 물과 미스트로 젖어 있는 상태에서 사용하면 커버력이 높아지는데 그냥 사용하면 다소 두꺼워질 수 있으므로 아주 소량만 묻혀 사용하도록 한다. 그리고 젖은 퍼프는 세균 번식 우려가 커지므로 사용한 퍼프는 집에 돌아와 샴푸나 혹은 주방세제로 빨아 서늘한 데서 건조해 준다.

7. 급할 때 후다닥 5분 스피드 메이크업

① 하이라이팅 펜으로 T존, 눈 밑, 턱 부분 같은 데에 그어 주고 펴 발라 준다.

② 내추럴한 색상의 블러셔(베이지, 살구색, 복숭아색)를 볼 전체에 넓게 펴
   발라 준다.

③ 눈썹은 눈썹 마스카라로 터치한다.

④ 입술은 립라이너로 그려 준다.

⑤ 색상이 들어간 립밤이나 혹은 립글로스를 한 번만 살짝 펴 발라 준다.

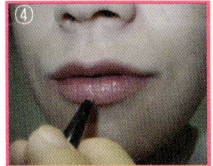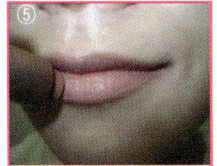

이 5가지를 다 할 수 없다면 이렇게 한번 해 보자.

먼저 하이라이팅 펜을 T존, 눈 밑, 턱에다가 그어 주고 터치를 해 준다.
다음으로 눈썹을 마스카라 대신 터치하고, 이어 입술에 자연스러운 색상
의 립스틱을 바르면 어느 정도 화장한 효과를 낼 수 있다.

이것도 허락지 않는다면 입술에 좀 더 색감이 있는 립스틱을 바르고

머리에는 따로 미스트를 뿌려 주어 단정하게 빗어 준다.

8. 흐리고 비 오는 날 뽀송뽀송한 메이크업

흐리고 비가 오는 날엔 아무래도 습도가 꽤 높다. 그래서 평상시에 사용하던 리퀴드나 크림타입의 파운데이션 제품을 사용하면 왠지 무겁게 느껴진다.

비 오는 날이나 장마철에는 평상시에 사용하던 리퀴드나 크림타입의 파운데이션 제품은 잠시 접어놓고 파우더 팩트나 혹은 트윈케이크(파우더 파운데이션)를 펴 발라 주는 것이 더 적합하다. 평상시에 파우더 타입의 파운데이션은 다소 매트해서 밀착력이 떨어지게 된다. 하지만 비 오는 날에는 습도로 인해 파우더 타입의 파운데이션의 밀착감이 높아지므로 사용해 볼 만하다.

먼저 프라이머나 선크림을 얼굴 전체에 적당히 펴 발라 주고 난 다음에 커버가 필요한 부분에만 컨실러나 스틱타입의 파운데이션을 발라 주고 파우더 타입의 파운데이션이나 파우더 팩트로 살짝 두드려 주자. 그리고 좀 더 투명한 느낌을 원한다면 따로 브러시로 쓸어 주어도 된다.

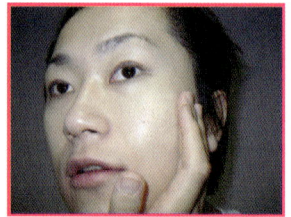

9. 남성을 위한 심플 메이크업

요즘 남성들의 인상이 중요해지면서 메이크업 중요도도 점점 높아져 가고 있다.

그러나 많은 남자들이 의외로 메이크업을 하고 싶은데 어떻게 잘해야 할지를 몰라 난감해하는 경우가 많다. 이럴 때 요즘 화장품 회사에서 고맙게도 남성의 메이크업 키트 시리즈(예 : 입큰맨, 에뛰드 하우스 스타일 포맨, 더 페이스샵 네오 클래식 옴므)를 선보이고 있다.

그러나 문제는 너무 한 가지 제품으로만 통일된다는 점인데, 특히 베이스 메이크업의 경우에는 누구나 색상을 잘 어필하기가 힘들다. 특히 비비크림 하나 가지고 목과 얼굴색을 다르게 연출할 바에는 차라리 여자제품이라도 자기 자신에게 맞는 파운데이션이나 컬러로션을 선택하는 것이 훨씬 낫다.

처음에 파운데이션이나 컬러로션 색상선택이 남자들에게는 너무나 어려우므로 따로 백화점 매장에서 직원분을 붙잡고 나에게 맞는 색상이 무엇인지 잘 알아보고 사용법도 꼼꼼하게 잘 물어보는 자세가 필요하다.

① 자기 자신에게 맞는 컬러로션과 파운데이션을 바른다.
   (파운데이션이 너무 진하다면 로션과 1:1 믹스해서 바른다)
② 커버를 해야 하는 부위에 컨실러를 터치한다.
③ 눈썹을 일부러 바꾸려고 하기보다는 자기 자신의 눈썹 모양을 살리되 잔털은 제거하고 눈썹 마스카라나 혹은 연한 마스카라 제품으로 눈썹 결을 정리한다.
④ 입술은 번들거리지 않는 립밤으로 살짝 발라 준다.

⑤ 혈색이 없게 느껴질 때 오렌지색 블러셔나 브론징 파우더를 볼에 살짝 터치해 준다.

⑥ 번들거리는 부분에 파우더를 브러시에 묻혀 터치 해 준다.

⑦ 속눈썹이 많이 처져 있다면 뷰러로 속눈썹을 집어 주고 난 다음 투명 마스카라로 고정시켜 준다.

성공하는 메이크업 쇼핑!

1. 메이크업 베이스/프라이머

옛날에는 메이크업 베이스를 반드시 사용하라고 했었다. 그러나 요즘은 메이크업 베이스와 파운데이션이 똑같은 제품이라는 게 밝혀져 메이크업 베이스를 그다지 잘 사용하지 않는다. 대신 피부 결을 정리해 주면서 파운데이션을 고정시켜 주는 프라이머 제품들이 나오고 있는데 거기에다가 색소 같은 걸 첨가하여 메이크업 베이스 대용품으로 선전하는 경우가 많다.

그런데 군이 프라이머가 꼭 필요한 걸까? 나의 경우는 꼭 그렇지 않다고 생각한다. 프라이머는 파운데이션의 밀착력과 결을 정리하기 위한 것이다. 자기 자신이 사용하는 보습제나 제품 중에서 촉촉하게 잘 맞거나(보습크림 종류) 혹은 피부가 보들보들해지는 제품(실리콘 질감의 에센스나 보습제, 에스티 로더의 아이디얼리스트가 대표적이다)이 있다면 군이 프라이머는 필요 없다.

그리고 지성 피부의 경우 파운데이션의 고정력을 위해 매트한 프라이머가 필요한 경우가 많은데 직접 테스터 제품을 발라 보면서 얼마나 피부에 잘 밀착하는지, 그 위에 파운데이션을 발라 보고 지속성이 어떠한지를 알아본 후에 결정하도록 한다.

프라이머 추천

[로라 메르시에] 파운데이션 프라이머 50㎖/ 48,000원

[홀리카 홀리카] 페이스 2 체인지 크림 50㎖/ 12,000원

[SK-II] 브라이트닝 루센트 베이스 25g/ 55,000원

[조르지오 아르마니] 플루이드 마스터 프라이머 30㎖/ 60,000원

[바닐라코] 프라이머 30㎖/ 18,000원

[클라란스] 뷰티 플래쉬 밤 50㎖/ 45,000원

[메리케이] 멜라셉 파운데이션 프라이머 SPF 15 PA++ 14g/ 32,000원

[샹송] 프로텍트 베이스 80㎖/ 63,000원

[겔랑] 로르 30㎖/ 87,000원

[키스] 매트 쉬폰 UV 화이트닝 베이스 37㎖/ 32,000원

주름 & 모공 커버 컨실러 추천

[오르비스] 스무드 베이스 12g/ 16,000원

[시드물] 링클필러 20㎖/ 29,800원

[굿스킨] 트라엑티라인 인스턴스 딥 링클 필러 30㎖/ 58,000원

[닥터영] 포어 이레이저 밤 15g/ 28,000원

[클라란스] 인스턴트 스무스 퍼펙팅 터치 15㎖/ 38,000원

[DHC] 벨벳 스킨 코트 15g/ 22,000원

[끌레드뽀 보떼] 꼬렉뙤르 릴리프 20㎖/ 80,000원

[미샤] 니어스킨 비저블 딥 링클 필러 20㎖/ 28,000원

[키스미] 스킨 이미테이션 모공 프라이머 10g/ 18,000원

[홀리카 홀리카] 딸기모공 매직커버 매직 실러 10g/ 9,000원

지성 피부의 경우 어떠한 프라이머 제품을 써 보아도 나중에 금세 피지분비가 많이 돌아 속수무책이라면 이러한 방법을 써 보도록 하자.

(한국에 아직 수입이 안 되었지만) 미국 바이엘의 필립스 '밀크 오브 마그네시아'라는 것이 있다. 밀크 오브 마그네시아는 속 쓰림, 변비에 사용되는 현탁액으로서 번들거림을 낮추어 주는 역할을 한다. 보습제를 바른 후 밀크 오브 마그네시아를 화장솜에 적당량 묻힌 다음 얼굴에 아주 얇게 펴 발라 주고 다 말랐다 싶으면 그 위에 파운데이션 제품을 발라 주면 좀 더 지속성 있게 느껴질 것이다.

만일 당신이 미국에 간다면 꼭 구매해 볼 만한 아이템이기도 하다. 특히 지성 피부 소유자라면 더더욱!

2. 틴티드 모이스처라이저(컬러로션)

먼저 비비크림이 컬러로션과 무엇이 다르냐고 할지 모르겠다. 사실 따져보면 둘 다 똑같은 아이템이다. 비비크림에 대해선 106쪽에 언급했지만 다시 한 번 이야기할까 한다. 비비크림이란 '블래미쉬 밤'의 약자로서 피부과 레이저 시술이나 필링, 박피 시술자의 붉고 예민한 피부를 중화시키고 진정시켜 주기 위해 사용된 제품이다. 그래서 붉은 기 중화를 위해 회색톤을 많이 넣는데 보통 사람이 사용했다간 죽은 사람의 피부처럼 보일 수 있다.

근데 왜 연예인 민낯의 비결이라는 말이 생겨났을까? 10년 전까지만 해도 연예인들이나 사모님들 사이에서는 박피시술이나 필링시술이 크게 유행했었는데 한동안 붉은 피부를 커버하기 위해 연예인들이나 사모님들이라면 하나쯤은 가지고 있었다.

연예인들은 민낯으로 나가기에는 민망한 경우가 있기에 SOS 대책으로 한꺼번에 해결할 수 있는 아이템으로 사용하면서 알려진 게 아닌가 싶다. 사실 보습제+미백 & 주름 개선+자외선차단+메이크업베이스+파운데이션 등등을 한 번에 토탈솔루션으로 해결한다고 하고 있지만 미백과 주름 개선, 자외선 차단에 대해서는 상당히 미미한 경우가 많다.

비비크림으로써 자외선 차단 효과를 누리려면 최소한 손가락 한 마디 크기 정도로 덜어서 발라야 하는데, 만약 그렇게 바르면 어떻게 될까? 마치 옛날에 유행한 머드팩이나 황토팩을 사용한 것 같은 부자연스러운 느낌으로 연출될 가능성이 크다.

요새 시중에 판매되는 비비크림은 그냥 이름만 비비크림으로 판매되는 경우가 많다. 하도 비비크림이 히트를 하고 있어 한국에서는 컬러로션이라고 하면 판매가 안 되기에 비비크림이란 이름을 빌려 판매하기도 하는 것이다.

그리고 외국 화장품 브랜드에서는 한국시장을 놓칠세라 각각 BB 이름이 들어간 베이스나 파운데이션 제품을 선보이곤 한다. 제형은 기존의 비비크림에 비해서 상당히 가볍게 진보(?)가 되었으나 피부과에서 사용된 비비크림하고는 차원이 전혀 다르고 대신 회색 톤은 여전하다. 그리고 많은 분들께서 비비크림을 사용하니까 왜 얼굴색이 죽어 보일까, 왜 피부가 이상해 보일까 하고 호소하곤 한다.

나는 속으로 '광고라는 게 참 무섭긴 무섭구나'라는 생각을 한다. 사실 주위에 비비크림보다 더 좋은 파운데이션이나 틴티드 보습제(컬러로션), 팩트 제품들이 널리고 널렸는데 군이 비비크림을 선택할 필요가 있을까 싶다. 차라리 한 가지 색상으로 제한된 비비크림 제품보다는 여러 가지

색상으로 펼쳐 제공되는 메이크업 브랜드의 컬러로션 제품을 선택하는 것이 훨씬 나을 수도 있다.

기존의 컬러로션 제품들은 유분감이 많아 지성 피부에 사용하기 힘들다는 단점이 여러모로 제시되었다. 그러나 케이스 바이 케이스라고 했던가? 요즘 컬러로션 제품들에도 가벼운 사용감 혹은 컬러로션에서 진보된 타입인 페이스 틴트 제품들도 나오고 있으니 살펴볼 만하다. 파운데이션 대용품, 파운데이션을 사용하기 이른 학생들, 간단하게 피부 톤을 정리하거나 스피드하게 화장을 원하는 분들에게 추천하는 바이다.

● 컬러로션 추천

[바비브라운] 틴티드 모이스처라이저 50㎖/ 52,000원

[메리케이] 틴티드 모이스처라이저 43㎖/ 35,000원

[조르지오 아르마니] 페이스 페브릭 40㎖/ 59,000원

[엘리자베스 아덴] 틴티드 모이스처라이저 50㎖/ 45,000원

[스바보다] 발레 파운데이션 53g/ 6,600원

[디올] 하이드라라이프 스킨틴트 페이스 50㎖/ 5,500원

[로라 메르시에] 틴티드 모이스처라이저 50㎖/ 60,000원

[오르비스] UV 컷 수퍼 리퀴드 파운데이션 30㎖/ 19,000원

[베네피트] 유 레블 라이트 50㎖/ 45,000원

[올레이] 토탈 이펙트 7 IN 1 안티에이징 크림 플러스 터치 오브 파운데이션 50㎖/ 35,000원

3. 파운데이션/트윈케이크

파운데이션이든 트윈케이크든 둘 다 똑같은 파운데이션 제품이다.

파운데이션 종류도 상당히 다양하므로 건조한 피부라면 크림타입을, 복합계열의 피부라면 리퀴드나 스틱타입을, 지성 피부라면 파우더타입이 적합한데 사람의 피부란 일 년 내내 똑같을 수 없으므로 환경이나 계절에 따라 보습제를 다르게 사용하듯 파운데이션도 계절이나 환경에 따라 다르게 사용해 보도록 하자.

그리고 나는 개인적으로 트윈케이크 제품은 시대착오적인 제품이라 생각한다. 또한 그다지 권하고 싶지도 않다. 파우더 파운데이션 제품은 얼굴 전체에 왠지 커버가 된 듯하지만 의외로 실질적인 느낌이 없거니와 건조한 피부에는 건조함을, 지성 피부에는 피지 분비가 더 늘어나거나 블랙헤드가 더 나타나는 현상이 있으면서도 부자연스럽게 연출되는 경우가 많다.

나는 개인적으로 트윈케이크보다는 파우더의 장점과 트윈케이크의 장점을 가진 파우더 팩트를 권한다. 단독으로 사용이 가능하고 파운데이션 사용 후 커버력을 높이고 싶을 때 사용하면 유용하기 때문이거니와 수시로 두드리면서 자외선 차단 덧바르기에도 용이하기 때문이다.

그리고 당신의 피부가 좀 건조하다면 크림 투 파우더 제품을 살펴보도록 하자. 스킨커버에서 좀 더 진화한 제품으로 한국에서는 일명 '에센스 파운데이션'으로 알려져 있다. 트윈케이크 제품을 잘 사용 안 하는 서양에서 유일하게 사용하는 원스텝 메이크업 제품으로 펴 바를 땐 촉촉하게 펴 발리면서 바르고 난 후에는 파우더리한 느낌이 있기에 건성 피부가 휴대하기 간편한 파운데이션 아이템이라 할 수 있다.

그리고 파운데이션이란 하나만 구입해도 정말 일 년 내내 쓰는 제품이기에 정말 내 피부 톤에 잘 맞는지 그리고 피부 톤이 어떻게 잘 정리가 되는지, 지속성, 밀착력을 꼼꼼하게 잘 확인하는 것이 좋다.

　제일 먼저 백화점이나 테스터가 마련되어 있는 자리에서 파운데이션을 발라 보고 다른 데 잠시 들르거나 다른 일을 하면서 색상, 지속력, 밀착력, 목 피부색이랑 잘 일치하는지를 살펴본다. 그리고 나중에 반드시 자연광에서 확인하는 것을 잊지 말자. 그리고 동양사람들에게 맞는 옐로톤인지 직접 살펴보도록 하자. 그리고 파우더 파운데이션을 사용하고 싶다면 그다지 커버벽이 강하지 않은지, 그리고 밀착감이 괜찮은지를 살펴본다.

○ 리퀴드 파운데이션 추천

[헤라] HD 파운데이션 30㎖/ 42,000원

[네이처 리퍼블릭] 블룸 베베 파운데이션 30㎖/ 3,300원

[클라란스] 엑스트라 퍼밍 파운데이션 30㎖/ 57,000원

[피터토마스로스] 언링클 파운데이션 30㎖/ 68,000원

[RMK] 리퀴드 파운데이션 30㎖/ 65,000원

[레브론] 컬러 스테이 메이크업 30㎖/ 30,000원

[랑콤] 뗑 미라클 파운데이션 30㎖/ 62,000원

[메이블린] 퓨어 미네랄 리퀴드 파운데이션 25㎖/ 15,000원

[부르조아] 헬시 믹스 파운데이션 30㎖/ 42,000원

[겔랑] 빠뤼르 골드 플루이드 파운데이션 30㎖/ 105,000원

○ 크림 파운데이션 추천

[루나솔] 워터 크림 파운데이션 30㎖/ 70,000원

[크리니크] 더마 화이트 플루이드 크림 메이크업 30㎖/ 52,000원

[끌레드뽀 보떼] 떼 나뛰렐 홀루이드 25g/ 160,000원

[랑콤] 포토제닉 룸에센스 크림 파운데이션 30g/ 72,000원

[RMK] 크리미 파운데이션 30g/ 72,000원

[로라 메르시에] 크림 스무드 파운데이션 30㎖/ 78,000원

[슈에무라] 리모델링 크림 파운데이션 30㎖/ 56,000원

[라네즈] 미스틱 베일 파운데이션 30㎖/ 30,000원

[부르조아] 미네랄 무스 파운데이션 18g/ 38,000원

[엘리자베스 아덴] 세라마이드 플럼 퍼펙트 메이크업 28.35g/ 53,000원

파우더 파운데이션(팩트) 추천

[겔랑] 빠뤼르 퓔리 화이트 브라이트닝 컴팩트 파운데이션 9g/ 82,000원

[로트리] 온니 미네랄 팩트 9g/ 38,000원

[마몽드] 파우더 팩트 16g/ 20,000원

[엔프라니] 레이디 팩트 13g/ 30,000원

[디올] 스킨 누드 컴팩트 파운데이션 13.5g/ 72,000원

[입큰] 스키니 핏 파우더 팩트 12g/ 35,000원

[끌레드뽀 보떼] 떼 나뛰렐 뿌드르 11g/ 168,000원

[샹송] 쉬르 보떼 파우더리 파운데이션 13g/ 59,000원

[랑콤] 포토제닉 룸에센스 컴팩트 파운데이션 9g/ 72,000원

[누드코스메틱] 스킨래디언스 파우더 팩트 12g/ 16,000원

크림 투 파우더 파운데이션(컴팩트 파운데이션) 추천

[레브론] 뉴 컴플렉션 원스텝 메이크업 9.9g 30㎖/ 25,000원

[SK-II] 셀루미네이션 에센스 인 파운데이션 10.5g/ 88,000원

[에뛰드 하우스] 수분 가득 콜라겐 밤 12g/ 16,500원

[RMK] 젤 에멀젼 콤팩트 11g/ 83,000원

[맥] 미네랄라이즈 파운데이션 10g/ 52,000원

[시세이도] 마끼아쥬 에센스 커버 컴팩트 12g/ 68,000원

[라네즈] 스노우 BB 에센스 밤 13g/ 35,000원

[크리니크] 수퍼모이스춰 크림 컴팩트 메이크업 10g/ 60,000원

[끌레드뽀 보떼] 뗑 나뛰렐 크렘프 꼼빡뜨 12g/ 178,000원

[오르비스] 모이스춰 파운데이션 11g/ 31,000원

 **여기서 잠깐!**

나이가 들면 들수록 젊었을 때 사용하던 파운데이션이 좀 들떠 보이고 잘 안 먹히는 경우가 있다. 그게 바로 중장년층의 호르몬 불균형으로 생기는 현상으로서 나이가 들면 들수록 파운데이션 제품에 투자해 볼 필요가 있다.

나는 개인적으로 일본 고급 크림 파운데이션 제품을 추천해 주고 싶은데 가격대가 10만 원이 훌쩍 넘는 고가제품이기는 하지만 소량으로도 커버가 잘되거니와 지속적 밀착력이 있어서 좋은 결과를 가져오므로 한번 추천해 볼 만하다.

파운데이션 한 통에 10만 원이 훌쩍 넘는다는 점에서 구입하기가 망설여지겠지만 한번 구입해 보면 오히려 좋은 결과를 가져오기도 한다. 파운데이션 제품 하나로 컨실러급의 커버력을 지니고 컬러커렉터를 따로 사용하지 않아도 되니 오히려 사용이 간편하고 게다가 피부 컨디션에 상관없이 잘 밀착된다는 점에서는 높이 평가해 볼 만하다.

그 대신 커버력이 상당히 높은 관계로 젊은 층이 쓰기에는 다소 부담스러워 보일 수 있다는 점을 기억하자! 그래도 젊었을 땐 가볍게 컬러로션이나 리퀴드로도 얼마든지 좋아 보이니깐 그 시기를 마음껏 즐기자!

고급 크림 파운데이션 추천

[끌레드뽀 보떼] 뗑 나뛰렐 홀루이드 25g/ 160,000원

[임프레스] 크림 파운데이션 30㎖/ 150,000원

[코스메 데코르테] AQ 크림 파운데이션 30g/ 160,000원

롤러 형식의 파운데이션

요즘 파운데이션이 손이나 퍼프로도 사용이 번거롭고 또한 얇게 고르게 펴 발라지지 않는다는 단점을 보완한 제품이다. 얼굴 전체에 쉽게 롤링 되면서 얇게 잘 도포되고 커버력도 얇게 자유자재로 조절할 수 있다는 것이 장점이 있다.

수정할 때도 그냥 제품을 묻혀 그대로 롤링을 해 주면 되니 요즘같이 손끝 하나 움직이기 싫은 귀차니즘에게 괜찮은 아이템이다. 그러나 눈 주위나 코 부분에는 조금 사용이 어렵다는 단점이 있다.

롤러 파운데이션 추천

[홀리카 홀리카] 페이스 2 체인지 롤러 비비 밤/ 18,000원

[로레알] 트루 매치 롤러 SPF 25/ $15(한국 미수입)

파운데이션 제품을 계절이나 환경에 다르게 사용해 보자

사람의 건강이 일 년 내내 똑같을 수 없듯이 피부도 역시 일 년 내내 똑같을 수 없다. 계절이나 환경에 따라 기초 화장품을 다르게 사용하듯 파운데이션도 계절이나 환경에 따라 다르게 사용해 보자.

많은 분들께서 계절에 따라 옷 분위기에 맞춰 립스틱이나 아이섀도를 다르게 사용하나 파운데이션에 대해서는 무관심한 경우가 많다. 계절이나

환경에 따라 파운데이션 제품을 선택하여 사용해 보자.

습도가 높아지는 장마철이나 여름에는 파우더 타입의 파운데이션을, 봄 계절엔 무스타입이나 컬러로션 타입을, 가을이나 한겨울 같은 건조한 날씨엔 촉촉한 크림타입이나 리퀴드, 크림 투 파우더 제품을 고른다. 환경이나 계절에 따라 파운데이션을 사용해도 피부가 편안함을 느낄 수 있을 것이다.

4. 컨실러

컨실러 사용에 있어서 두 가지 이상 색상을 가지고 사용하는 것이 좋다.

다크서클을 커버할 목적일 때는 자기 자신의 피부 톤보다 한 톤 밝은 색상으로(아무래도 눈 밑이 밝아야 얼굴 전체적으로 환해 보일 터이니 말이다), 잡티 커버가 목적일 때는 자기 자신 피부 톤에 맞는 색상으로 선택하도록 한다.

눈 밑은 건조한 부위이므로 좀 더 부드러운 크림타입으로 선택하는 것이 좋다(그러나 너무 유분기가 많은 제품은 마스카라나 아이라이너를 번지게 만드니 적당한 크림타입이 좋다). 잡티 커버에는 케이크(일명 도랑) 형태의 제품이나 혹은 스틱타입이 좀 더 효과적이다.

○ 컨실러 추천

[바비브라운] 훼이스 터치 업 스틱 2.3g/ 36,000원

[캔메이크] 커버 & 스트레치 컨실러 7g/ 17,000원

[메이크업 포에버] 풀커버 15㎖/ 35,000원

[디올] 누드스킨 퍼펙팅 컨실러 10㎖/ 33,000원

[헤라] 듀얼 컨실러 6g/ 28,000원

[메리케이] 컨실러 8.5g/ 15,000원

[마루빌츠] 캐머플라지 크림 6g/ 22,000원

[슈에무라] 아이 코렉팅 프로 컨실러 2.1g/ 36,000원

[엘리자베스 아덴] 세라마이드 스킨 스무딩 컨실러 5.5㎖/ 28,000원

[에뛰드 하우스] 서프라이즈 에센스 컨실러 7g/ 5,000원

정말 자연스러운 피부 느낌을 원한다면?

정말 꼭 커버가 필요한 부분에만 사용하는 것이다. 사실 그 어떠한 파운데이션 제품도 자기 자신의 피부처럼 자연스럽게 보이는 것은 거의 불가능하다.

컨실러나 파운데이션 제품을 커버가 꼭 필요한 부분에만 사용해 주고 난 다음 그 위에 파우더 팩트로 살짝 두드려 주면 끝! 에브리데이 메이크업으로도 부담이 없을 것이다.

5. 파우더

요즘은 파우더의 커버력을 중요하게 생각하지 않는다. 요즘은 파운데이션들이 군이 파우더가 필요하지 않을 만큼의 성능을 가지고 있는 경우가 많기 때문이다. 그러나 파우더 제품을 선택할 시에는 입자가 얼마나 고운지를 잘 살펴보아야 한다. 입자가 밀가루처럼 고와야 파운데이션의 밀착력과 지속성을 오래 유지시켜 줄 수 있다(심플 메이크업이나 동안 메이크업이 강세인 요즘엔 파우더 느낌이 강한 화장은 아무도 원치 않는다).

그리고 팩트를 사용하면 피부의 광을 죽인다기에 한동안 사용하지는

않았지만 그래도 요즘 자기 피부의 광은 그대로 살려 주면서 보송보송하게 잡아 주는 파우더제품도 나오고 있으니 피부는 한번 살펴보는 것도 좋겠다.

페이스 파우더 추천

[메이크업 포에버] 하이 데피니션 파우더 10g/ 47,000원

[맥] 프렙 프라임 트랜스페어런트 피니싱 파우더 9g/ 38,000원

[이니스프리] 민트 노세범 파우더 5g/ 6,000원

[겔랑] 메테오리트 파우더 30g/ 74,000원

[누드 코스메틱] 스킨 래디언스 루스 파우더 20g/ 18,000원

[스킨푸드] 피치사케 실키 피니쉬 파우더 15g/ 10,900원

[루나솔] 스킨 콘트라스트 페이스 파우더 15g/ 80,000원

[레브론] 포토레디 트랜스루슨트 피니셔 7.1g/ 38,000원

[샹숑] 쉬르보떼 페이스 파우더 매트 38g/ 59,000원

겨울에는 파우더를 쉬자

메이크업보다 기초화장에 신경 써야 할 겨울철. 겨울철에 파우더 제품을 사용하면 아무래도 피부가 많이 건조해질 우려가 크다. 파우더는 피지 흡착을 좋아하는 탈크 베이스로 이루어져 피부를 많이 당기게 만든다. 건성을 위한 수분감이 많고 촉촉한 파우더 제품이 나오고 있지만 그것은 엄연히 탈크 베이스가 있는 법이다.

무엇보다 한겨울에는 파우더를 빼고 파운데이션만 발라 보자. 이것만으로도 피부 건조는 크게 줄어든다. 그리고 외출 시에는 크림 투 파우더(일명: 에센스 파운데이션), 스틱타입의 파운데이션, 스틱타입 혹은 붓펜타

입의 컨실러를 휴대하면서 사용하도록 하자.

6. 하이라이터/블러셔

한국 사람들은 블러셔와 하이라이터 사용에 대해 여전히 낯설어하는 경향이 있다. 사실 좀 어려운 면이 없지 않아 보이겠지만 조금만 테크닉을 익혀 두어도 그렇게 어렵지는 않다.

하이라이터와 블러셔의 경우 잘 선택해서 사용하면 두터운 파운데이션 메이크업이라 할지라도 두꺼운 느낌의 베이스를 좀 더 자연스럽게 연출하는 결과를 가져온다.

특히 하이라이터의 경우 펄이 없는 제품은 눈 밑 전체에 사용이 가능할 수 있다. 그러나 펄이 있는 부분을 눈 밑 전체에 사용하면 다크서클이 더 도드라져 보일 수 있으므로 주의해야겠다. 제품을 바르면서 펄 감이 과하지 않고 얼마나 은은하게 표현되는지, 블러셔는 발색력이 좋으면서 퍼짐성이 좋은 제품으로 선택하는 게 좋다.

하이라이터 추천

[끌레드뽀 보떼] 뚜쉬 쉬블림 2.4㎖/ 65,000원

[바닐라코] 더 시크릿 하이라이터 35㎖/ 15,000원

[베네피트] 하이빔 13㎖/ 35,000원

[에뛰드 하우스] 황금비율 페이스글램 4g/ 12,000원

[겔랑] 프레셔스 라이트 일루미네이터/ 58,000원

[클라란스] 인스턴트 라이트 브러시-온-퍼펙터/ 35,000원

[메리케이] 페이셜 하이라이팅 펜 1.3㎖/ 22,000원

[이니스프리] 로즈 마블링 브라이터 6g/ 10,000원

[스킨푸드] 골드 캐비어 콜라겐 브라이트너 4g/ 12,000원

[부르조아] 하이라이팅 파우더 16.5g/ 30,000원

블러셔 추천

[나스] 블러셔 4.5g/ 38,000원

[부르조아] 파스텔 쥬 2.5g/ 22,000원

[더페이스샵] 러블리 믹스 뿌까 매직 블러셔 6g/ 6,900원

[안나수이] 페이스 컬러 악센트 3.0g/ 32,000원

[스킨푸드] 생과일 립 앤 치크 6g/ 6,000원

[캔메이크] 크림 치크 2.3g/ 13,500원

[메이크업 포에버] 스컬프팅 블러셔 5.5g/ 36,000원

[슈에무라] 글로우 온 5g/ 33,000원

[맥] 파우더 블러셔 6g/ 30,000원

7. 아이브로/아이섀도

(1) 아이브로

요즘 속속 아이브로 전용 섀도 제품들이 많이 보이곤 하지만 군이 아이브로 전용 섀도를 구입할 필요는 없다고 본다. 자기 자신이 가지고 있는 아이섀도로도 얼마든지 활용이 가능하다. 그리고 화방에서 판매하는 에보니 펜슬로도 충분히 눈썹을 그리는 게 가능하다.

자기 자신 모발에 맞는 아이섀도와 터치감 있게 잘 그릴 수 있는 아이브로 브러시만으로 충분히 눈썹을 그릴 수 있다.

눈썹 고정시키는 방법

만약 눈썹을 좀 더 효과적으로 고정하고 싶다면 투명 마스카라 제품으로 성이 차지 않을 것이다. 이럴 때 헤어스프레이와 스크류 브러시를 함께 이용해 보자.

눈썹을 그리고 헤어스프레이를 스크류 브러시에다가 살짝 뿌려 주고 난 다음 여분을 털어내 주고 눈썹 결을 따라 터치하면 하루 종일 내내 고정시켜 주는 데 효과적이다. 또한 스프레이 말고도 헤어젤이나 헤어크림 제품도 활용할 수 있다.

아이브로 추천

[에보니] 펜슬(화방에서 보통 2,000원에 구입 가능)

[슈에무라] 하드포뮬라 아이브로우 펜슬 2g/ 26,000원

[시세이도] 인터그레이트 아이브로우 & 노우즈 섀도우 2.5g/ 20,000원

[키스미] 히로인 아이브로우 펜슬 7g/ 9,000원

[스킨푸드] 초코 아이브로우 파우더 4g/ 3,900원

[에뛰드 하우스] 눈썹꼬리 키트 6g/ 9,000원

[로트리] 내츄럴 스타일링 아이브로우 2g×3EA/ 32,000원

[홀리카 홀리카] 에나멜 매직 멜로무비 파우더 브로우/ 5,500원

[오르비스] 파우더 아이브로우/ 10,000원

[DHC] 아이브로우 퍼펙트 프로 파우더 0.4g/ 6,000원(리필)

(2) 아이브로 마스카라

일명 눈썹 마스카라라 불리는 이 제품은 용기가 속눈썹에 사용하는 마스카라랑 똑같다. 사실 눈썹 그리기 어려워하는 분들이라면, 펜슬이나

아이섀도로 그리기가 너무 힘들어 포기했다면 눈썹 마스카라에 한번 도전해 볼 만하다.

색상은 투명에서 옐로톤으로 구성되어 있으면서 또한 눈썹에 보다 자연스럽게 색감을 입히기에 한번 도전해 볼 만하다. 특히 스피드 메이크업을 즐기는 사람이라면 더더욱 매력적인 아이템이기도 하다. 눈썹 결대로 터치를 해 주되 자기 자신의 모발에 맞게 색상을 발라 주는 것이 좋다. 그리고 눈썹 숱이 좀 적다면 연한 섀도로 살짝 넣어 주거나 혹은 에보니 펜슬로 살짝 빈 곳을 채워 준 다음 아이브로 마스카라를 칠해 보자. 좀 더 풍성해진 눈썹 숱을 기대할 수 있다.

🔎 아이브로 마스카라 추천

[에뛰드 하우스] 청순거짓 아이브라우 카라 4.5g/ 6,000원

[바비브라운] 내츄럴 브라우 쉐이퍼/ 30,000원

[베네피트] 스피드 브라우 3g/ 24,000원

[키스미] 헤비로테이션 아이브라우 마스카라 7g/ 15,000원

[스킨푸드] 가지 아이브로우 젤 마스카라 & 픽서/ 9,900원

(3) 아이섀도

아이섀도는 제품을 발라 보면서 입자감이 밀가루처럼 고운지, 가루 날림이 적은지를 살펴본다. 눈꺼풀은 얼굴 부위 중에서 제일 연약한 부위이므로 아이섀도 입자감이 밀가루같이 고와야 피부에 부담을 줄 염려가 적다. 그리고 초보자라면 색상 면에서는 조금 신중해져야 할 필요가 있는데 베이지, 펄 없는 파스텔 같은 베이스 색상이 실패할 확률이 적다. 그 대신 붉은 톤이나 펄이 많이 들어간 제품은 초보자에겐 자칫 부어 보일 수 있

으므로 베이스를 넣어 주는 것으로 끝내도록 한다.

또한 아이섀도 하나만 구입해도 정말 질리도록 쓰기에 가급적이면 양이 적은 제품을 선택하는 게 나을 수도 있다(그러나 화장품 회사에서는 아이섀도 양이 은근히 많게 나온다. 사실 양을 줄이고 가격을 낮출 필요가 있는 것이 바로 아이섀도 제품이다. 화장품 회사 관계자분들, 제발 아이섀도 양을 줄이고 가격을 낮추어 주세요!). 아이섀도는 발색력이 좋으면서 퍼짐성이 얼마나 괜찮은지를 살펴본다.

◯ 아이섀도 추천

[다올] 5 아이섀도 6g / 71,000원

[맥] 아이섀도 1.5g / 22,000원

[메이크업 포에버] 스타 파우더 2.8g / 31,000원

[부르조아] 라운드 팟 아이섀도 1.5g / 22,000원

[홀리카 홀리카] 메이크어 위시 아이즈 / 4,000원

[메리케이] 미네랄 아이컬러 1.4g / 8,000원

[케일린] 루즈 쉬머 파우더 2.35g / 20,000원

[시세이도] 인터그레이트 그라데이션 아이즈 3.5g / 22,000원

[레브론] 일루미넌스 크림 아이섀도 3.4g / 15,000원

[메이블린] 아이스튜디오 다다이아몬드 글로우 섀도 2.5g / 15,000원

아이섀도 프라이머?

요즘 아이섀도에도 밀착력을 위해 프라이머 제품들이 많이 출시되고 있다. 그런데 아이섀도 프라이머 제품을 따로 구입해야 하는 걸까? 사실 이것도 꼭 그렇지는 않다. 여러분이 가지고 있는 크림타입의 컨실러나 혹

은 크림 섀도 제품으로도 충분히 아이섀도 프라이머 역할을 할 수 있기 때문이다.

베이스 메이크업 후 제일 먼저 쌍꺼풀 라인을 약지로 살살 펴 준다. 쌍꺼풀 라인이 항상 깜빡거려 유분감이 나타나 나중에 아이 메이크업을 할 때 뭉치고 또한 크리즈(아이섀도가 나중에 시간이 흘러 쌍꺼풀 라인에 뭉쳐지는 현상) 현상이 나타나기 때문이다.

그다음엔 크림타입의 컨실러나 혹은 베이스 색상의 크림타입의 섀도(리퀴드 아이섀도 제품도 좋다) 제품을 약지를 이용해 눈두덩에 전체적으로 펴 발라 준다. 그 위를 파우더로 눌러 주고 아이섀도를 칠해 보자. 좀 더 아이섀도 지속력이 좋아짐을 느낄 수 있을 것이다.

8. 아이라이너/마스카라

마스카라와 리퀴드 타입의 아이라이너 사용기한은 개봉하고 난 후 3개월 미만이다. 3개월이 지나면 제품의 수명이 다했거나 아니면 사용하면서 굳어졌다는 것은 수명이 다했다는 의미로 즉시 교체하는 것이 좋다. 아깝다고 계속 사용하면 제품 본 기능을 느낄 수 없거니와 눈에도 또한 자극을 미치니 저렴한 제품으로 골라 자주 교체하는 것이 좋다.

그리고 자주 교체하는 제품이니만큼 굳이 비싼 제품을 고를 필요가 없다는 건 상식 중의 상식. 만일 마스카라를 랑콤이나 헬레나 루빈스타인 제품을 즐겨 사용한다면 같은 회사인 로레알이나 메이블린 제품을 찾아보도록 한다. 비슷한 회사이니만큼 비슷한 제품도 종종 보이니 말이다.

그리고 펜슬타입의 아이라이너는 사용하고 난 후 티슈로 수시로 닦아 보관한다면 1년에서 1년 반 정도로 사용할 수 있다. 아이라이너 펜슬은 저렴한 제품이나 비싼 제품이나 그다지 차이가 없으므로 구입 전에 얼마나 소프트하고 잘 뭉개지지 않는지 손끝으로 만져 보아 결정하도록 한다. 적당히 소프트하면서 찌꺼기를 남기지 않는지를 확인한다. 그리고 리퀴드 아이라이너의 경우 사용하면서 덩어리가 지지 않는지 그리고 깔끔하게 그려지는지, 시간이 지나면서 가루 날림이 없는지도 살펴본다.

그리고 요즘 많이 사용하고 있는 젤 타입의 아이라이너는 원래 바비브라운 제품이 원조였고 한때 바비브라운 제품밖에 안 나와 그 제품을 구입할 수밖에 없었지만 그래도 요즘 타 화장품 회사를 비롯하여 로드숍 브랜드 제품에서도 괜찮은 젤 타입의 아이라이너가 나오고 있으니 굳이 꼭 바비브라운 제품을 구입해야 할 필요는 없다고 보인다.

◯ 아이라이너 추천

[메이블린] 젤 아이라이너 2.8㎖/ 15,000원

[오드아이] 젤 아이라이너 5g/ 11,000원

[토니모리] 백스테이지 젤 아이라이너 4g/ 8,500원

[크리니크] 크림 쉐이퍼 포 아이즈 1.2g/ 24,000원

[레브론] 컬러스테이 샤프 아이라이너 0.28g/ 15,000원

[키스미] 히로인 스무스 리퀴드 아이라이너 0.4㎖/ 18,000원

[메리케이] MK 시그니처 리퀴드 아이라이너 3㎖/ 20,000원

[데쟈뷰] 래스팅 파인 아이라이너 0.13g/ 18,000원

[데이셀] 에스테니끄 붓펜 아이라이너 / 12,000원

[부르조아] 르갸르 에페 메탈리제 아이라이너 1.20g/ 19,000원

🔵 마스카라 추천

[피어리스] 피어니 마스카라/ 2,000원

[오르비스] 스타일링 마스크라 롱 블랙 4.5g/ 15,000원

[데쟈뷰] 파이버윅 마스카라/ 24,000원

[키스미] 롱 앤 컬 마스카라/ 18,000원

[크리니크] 래쉬 파워 마스카라 6g/ 32,000원

[로레알] 더블 익스텐션 리뉴얼 세럼 마스카라 7㎖×2/ 25,000원

[사나] 갸픽스 마스카라 7.7g/ 25,000원

[파시오] 컬락 마스카라 7g/ 19,000원

[미샤] 더 스타일 4D 마스카라 7g/ 3,300원

[캔메이크] 고쿠부토 마스카라 10g/ 18,000원

요즘 마스카라를 사용하기 전 투명이나 혹은 흰색의 마스카라 베이스 사용하는 경우를 많이 본다(외국에서는 프라이머라고 한다). 흰색이나 투명 베이스 마스카라를 사용해야 하냐고 물어보는 사람들이 많은데 나의 경우는 꼭 그럴 필요가 없다고 생각한다. 굳이 마스카라 베이스를 사용하지 않아도 그와 비슷하게 대처할 만한 테크닉이 있기 때문이다.

제일 먼저 속눈썹에 루스 파우더를 살짝 칠해준다. 그 위에 마스카라를 칠해주면 마스카라 베이스 못지않은 효과를 느낄 수 있다. 그리고 마스카라로 인한 눈 밑 번짐 현상(일명 너구리 현상) 때문에 걱정이라면 마스카라를 칠하고 난 후 그 위에 투명 마스카라를 살짝 칠해보자. 하루 종일 번질 염려가 없을 것이다.

또한 마스카라를 번지지 않게 하려면 눈 밑에 파우더 제품을 칠해주고 마스카라 한 부위에는 투명 마스카라를 탑코트 대용으로 칠해주면 하

루 종일 번짐 없이 지속이 가능하다.

9. 립스틱/립글로스/틴트

립스틱이나 립글로스, 틴트는 군이 비싼 제품을 구입할 필요가 없다. 저렴한 제품이든 비싼 제품이든 비슷하게 나오는 경향이 많기 때문이다. 그러나 피부 톤이 하얗다면 체리 빛깔의 색상이, 피부 톤이 건강하다면 오렌지 색상이 적합하다.

그리고 립스틱에 대해선 정답이 없다. 다만 많은 여성들이 저지르는 실수가 투명 메이크업을 위해서 누드립스틱을 발라 그만 토인처럼 보여 실패를 한다는 것이다. 그럴 때 부드러운 색상의 립라이너를 그려 준 다음에 누드톤의 립스틱을 칠해 보자. 립라이너와 립스틱 색상이 서로 묘하게 어울리는 느낌을 경험할 수 있다(그리고 립스틱이 잘 번지는 중장년층이라면 립라이너는 필수).

립스틱의 지속력을 높이려면 립라이너를 꼭 사용하도록 한다. 립라이너는 립스틱을 번지지 않게 해 주면서 지속력을 함께 높여 주기도 한다(특히 립스틱을 오래 지속시키길 원하는 중장년층이라면 꼭 휴대할 만한 아이템).

○ 립스틱 추천

[맥] 립스틱 3g/ 25,000원

[레브론] 매트 립스틱 4.2g/ 20,000원

[오르비스] 루즈 크리스탈 3.3g/ 19,000원

[에뛰드 하우스] 루씨 달링 판타스틱 루즈 5g/ 9,000원

[토니모리] 키스러버 립스틱 3.5g/ 6,800원

[디올] 루즈 디올 3.5g/ 39,000원

[샤넬] 루쥬 코코 3.5g/ 39,000원

[슈에무라] 루즈 언리미티드 3.7g/ 32,000원

[부르조아] 스위트 키스 레루즈 3g/ 28,000원

[헤라] 루즈 홀릭 4g/ 30,000원

립글로스 & 틴트 추천

[토니모리] 베리베리 매직 립 틴트 7g/ 3,500원

[베네피트] 포켓 팔 (틴트 3.2㎖, 글로스 2.8㎖)/ 32,000원

[홀리카 홀리카] 아쿠아 쁘띠 젤리 6㎖/ 6,000원

[에뛰드 하우스] 미스탠저린 소다 틴트 6㎖/ 6,000원

[바닐라코] 바닐라 틴트 밤 핑크 일루전 5g/ 7,500원

[랑콤] 쥬이시 튜브 15g/ 28,000원

[메이블린] 워터샤인 콜라겐 립글로스 7㎖/ 10,000원

[바비펫] 펑키룩 틴트 & 글로스 듀오 6㎖/ 4,800원

[레브론] 수퍼러스트러스 립글로스 5.9㎖/ 15,000원

[부르조아] 미니 립밤 1.7㎖/ 8,000원

여기서 잠깐!

제품을 구입할 때 테스터 제품을 사용해 보아야 한다는 것은 당연한 상식. 그러나 테스터 제품은 많은 사람들의 손길이 머물러 갔으므로 세균 덩어리가 되었을 가능성이 크다. 무언가 찝찝하다는 느낌이 들 때 가급적 면은 팔 안쪽에다가 발라보고 난 다음, 밖에 자연광 아래에서 다시 한 번 확인을 해 보는 것

이 좋다.

그리고 어떠한 화장품을 만지기 직전에 반드시 손을 청결하게 해 주자. 잠깐 화장실을 다녀온 사이에 손을 씻지 않은 상태에서 화장품을 만지면 분명히 화장품 내용물도 오염이 될 테니까. 그래도 제품을 사용해 보고 싶다면 사용한 부분을 자르거나 혹은 최소한 티슈로 닦아 내고 발라 보는 센스도 잊지 않는 게 좋겠다. 그리고 립스틱 샘플이 있다면 잊지 말고 챙겨서 직접 발라 보도록 하자.

10. 외국에 나간다면 이 제품을 꼭 살펴보자!

외국으로 출장을 가거나 여행 갈 때 누구나 설레는 마음으로 비행기를 탄다. 특히 면세점에 들러서 제품 구경하느라 시간이 가는 줄 몰랐던 경험은 누구에게나 있으리라 생각된다. 그렇다고 너무 백화점표 럭셔리 제품에 눈독 들이지 말고 외국에선 가까운 곳에도 드러그스토어가 있으므로 다양하게 한국에서는 보기 힘든 소품이나 화장품 브랜드를 살펴보길 권한다.

(1) 면세점

이브생 로랑과 지방시는 다양한 컬러감과 텍스처를 갖추고 있으며 또한 발색력과 지속력도 좋다. 이브생 로랑은 립스틱, 뚜쉬 에끌라(래디언스 하이라이팅 펜), 파우더, 파운데이션을, 지방시는 프리즘 시리즈페이스 컬러, 블러셔, 아이섀도, 프랑스제 로레알, 미국제 오리지널 메이블린을 살펴볼 만하다. 그리고 또한 면세점에서만 판매되는 향수 미니어처 시리즈도 기념으로 구매해 볼 만하다.

(2) 드러그스토어

외국의 드러그스토어는 한국보다 훨씬 다양한 제품들로 가득 차 있어 작은 백화점을 연상하게 한다. 사실 외국 드러그스토어 화장품들은 너무나 잘 나와 있어서 굳이 백화점에서 선물을 사야 하나 싶을 정도로 다양한 경우가 많다.

미국은 알메이, 제인을 비롯하여 화장품 경찰관 폴라 비가운 여사께서 극찬한 브랜드이기도 한 레브론, 왓 앤 와일드, 소니아 카슉, 맥스팩터, 커버걸, ROC, 뉴트로지나 메이크업, 유럽국가는 니베아 메이크업, No 7, 림멜, 가르니에, 코레스, 러쉬, 세포라, 루마니아는 안티에이징에 효과적인 제로비탈 스킨케어(영화배우 이자벨 아자니가 사용해서 유명해진 스킨케어) 홍콩은 투걸즈(광상홍), 일본은 시세이도의 마조리카 마조루카와 인터그레이트 그레이시(인터그레이트의 성숙한 여성을 위한 브랜드인데 화사하고 여리여리한 색감을 찾을 수 있다), 500엔 팩트로 유명한 세잔느, 다용도로 사용가능한 모로코 진흙 덩어리 가슬, 그리고 다양하고 독특한 메이크업 아이템들과 소품들을 살펴보기에 충분하다.

11. 어린왕자가 추천하는 BEST 10 아이템

(1) 홀리카 홀리카 메이스커 위스 아이즈 아이섀도

홀리카 홀리카의 싱글 아이섀도 제품으로서 다양한 색상과 지속력은 5시간 이상(혹은 넘을 수도 있다) 지속된다. 가격 대비 발색력이 괜찮은 아이섀도로 다양한 색상과 함께 골라 보는 것도 있고 또한 입자력도 괜찮다. 특히 홀리카 홀리카 데이(매달 27일)에 다양하게 질러 볼 만한 아이템이라 생각한다.

- 개당 4,000원

(2) 로트리 로사 다브레카 트리플 케이크 SPF 32 PA++

파우더의 가벼움과 트윈케이크의 커버력을 잘 살린 팩트 제품이다. 쉬머한 느낌과 화사함을 동시에 느낄 수 있으므로 오후에 화장이 무너지고 칙칙해진 피부를 좀 더 깨끗한 느낌으로 연출할 수 있다. 입자감도 살아 있어 모공 커버를 해 주고 텁텁한 느낌 없이 표현된다.

- 32,000원

(3) 지방시 프리즘 어게인

지방시의 변치 않는 고전이기도 페이스 컬러 제품이다. 파운데이션이나 팩트 사용 후 얼굴이 심심해 보일 때 별다른 테크닉 없이도 그냥 쓸어 주면 얼굴을 화사하게 좀 더 입체적으로 표현해 주므로 면세점에 갈 때마다 하나씩 TRY 해 볼 만한 아이템이다. 그리고 아이섀도 역할로도 사용 가능하니 멀티 아이템이라 할 수 있다.

- 면세점가 30달러대

(4) 겔랑 빠뤼르 펄리 화이트

겔랑 빠뤼르 팩트라인의 진보된 아이템이다. 아래엔 하이라이터랑 함께 내장되어 있어 하이라이터 제품이랑 함께 들고 다니지 않아도 되거니와 화사한 느낌으로 밀착력을 높여 준다.

- 82,000원

(5) 스바보다 발레 파운데이션

시원한 수분감이 느껴지는 파운데이션 제품이다. 펴 바르고 난 후 피부에 딱 밀착되면서 피부 톤을 깔끔하게 정리하니 에브리데이 용도로 사용하기에 딱 알맞은 제품이다. 옛날 어머니께서 사용하시던 분향기가 나긴 하지만 펴바르고 난 후엔 금세 날아가니 그렇게 거슬려 할 필요는 없어 보인다.

- 53g 6,600원

(6) 끌레드뽀 보떼 뗑 나뛰렐 홀루이드

고가 파운데이션 중 하나로 꼽히는 아이템이다. 용량이 20g이고 14만 원이라는 가격대가 상당히 부담스럽지만 아주 소량씩 써도 충분히 컨실러급 커버가 되니 그만큼 오래 사용할 수 있다는 장점이 있다. 피부 컨디션에 상관없이 밀착되고, 화사하게 표현되니 탈수피부에 펴 바르기 딱 괜찮은 아이템이다.

- 25g 160,000원

(7) 메리케이 페이셜 하이라이팅 펜

부분적으로 화사하게 보정해 줌으로써 입체적으로 표현하는 보정제품이다. 한국에서는 1번 화사한 핑크톤, 2번 자연스러운 베이지톤 색상으로 나온다.

젊은 사람들이라면 눈 밑을 환하게 보정해 주는 컨실러 역할을, 나이대가 있으신 분들은 어떠한 색상의 파운데이션을 써도 화사하게 보정이 안 된다면 T존, 눈 밑, 팔자주름 부위, 턱 부분에다가 터치하여 생기 있게 입체적으로 표현 가능하다. 그리고 여행 시에 파운데이션 제품이 없을 때 파운데이션 대용으로 T존, 눈 밑, 턱 부분에다가 터치를 하여 파운데이션을 살짝 한 것 같은 효과를 나타낼 수 있다.

- 1.3㎖ 22,000원

(8) 클라란스 뷰티 플래쉬 밤

피부 컨디션을 조절해 주면서 메이크업 상태를 잘 받게 도와주는 다용도 기능의 팩이다.

잠자기 전 수면 팩으로, 피부 컨디션이 나쁠 때 워시오프 타입으로 사용하거나 메이크업 전 프라이머 용도로도 사용할 수 있어 활용도가 높은 아이템이다. 참고로 영국의 엘리자베스 2세 여왕이 외국을 방문할 때 면세점에서 꼭 하나쯤 구입해 온다는 아이템으로 알려져 있다.

- 50㎖ 45,000원

(9) 데쟈뷰 파이버윅 마스카라

나는 주위에서 길어지긴 길어지면서 번지지 않는 마스카라, 쉽게 클렌징이 되는 마스카라가 무어냐고 추천해 달라는 문의를 종종 받는데 데쟈뷰 파이버윅 마스카라를 권한다. 롱래쉬, 컬링, 볼륨을 한꺼번에 해결하면서 클렌징은 미온수와 일반 클렌저로도 쉽게 잘 제거가 되고 또한 하루 종일 번지지 않는다는 점에서 높이 평가할 만하다. 그러나 볼륨기능에는 조금 약하다는 게 단점이다.

- 24,000원

(10) 레브론 수퍼 러스트러스 립글로스

다양한 색상과 입술 위에는 가벼운 느낌을 제공하는 립글로스. SPF 15로서 입술 위에 소홀하기 쉬운 자외선을 차단해 준다. 백화점 품질 못지않은 질을 제공하면서 벨벳 같은 사용감이 인상적이다.

- 5.9㎖ 15,000원

화장품

골라주는

남자

■정인

건국대학교 산업대학원 향장미용전공 석사 과정 중
국가공인 피부미용사 자격 및 면허
패션매거진 『신디더퍼키(화장품 업계 막강 파워 4인)』에 소개
네이버 블로그 '화장품 골라주는 남자'
http://blog.naver.com/cosmen/

학부 전공은 일본학이었고, 장래 희망은 일본어 교사였다. 하지만 갑자기 찾아온 여드름 때문에 화장품에 관심을 갖게 되면서 이 산업에 푹 빠지게 되었다. 화장품의 진실을 속속들이 파헤치는 블로그 활동으로 사람들에게 알려지게 되면서 유명세를 탔다. 명품 화장품 뷰티컨설턴트로 근무하다가 군에 입대하여, 군 복무 중 연재한 뷰티칼럼 덕분에 지금은 군인들에게 더욱 인기가 많다. 국가공인 피부미용사도 한 번에 독학으로 취득했을 만큼 피부미용 지식에 박식하다. 지금은 화장품 회사에서 마케팅 업무를 하고 있으며, 대학원에서 향장학 석사 과정을 밟고 있다.

■이병철

일본 막스(MAX)미용학교 make-up 과정 수료
국가공인 미용사 자격 및 면허
tvN 〈화성인 바이러스(코스메틱계의 어린왕자 편)〉 출연
KBS 〈VJ특공대(남자의 변신은 무죄 편)〉 출연
MBC 〈신통방통(화장하는 남자 편)〉 출연
SBS 〈그것이 알고 싶다(초식남 편)〉 출연
YTN 특종헌터스 〈섬세한 남자, 화장하는 남자 이병철 편〉 출연
네이버 파워블로그 '어린왕자의 화장품별'
http://blog.naver.com/piafpiaf

대학에서 피부미용과를 전공했고, 각종 패션 매거진은 물론이고 공중파 방송, 케이블, 홈쇼핑, 신문사를 넘나들며 화장하는 남자로 유명세를 타고 있다. 사용해 본 화장품만 수천 개, 가지고 있는 화장품만 수백 개. 헤아릴 수 없을 만큼 화장품 테스터 마니아. 지금은 프리랜서로 메이크업 아티스트 활동과 여러 화장품 브랜드의 행사에 셀러브리티로 초대받으며 파워블로거로 활동하고 있다.

초판발행 2011년 4월 8일
초판 4쇄 2019년 1월 11일

지은이 정인 · 이병철
펴낸이 채종준
기 획 권성용
편 집 김미미
본문디자인 김은정
표지디자인 이종현

펴낸곳 한국학술정보(주)
주소 경기도 파주시 회동길 230 (문발동)
전화 031 908 3181(대표)
팩스 031 908 3189
홈페이지 http://ebook.kstudy.com
E-mail 출판사업부 publish@kstudy.com
등록 제일산-115호(2000. 6. 19)

ISBN 978-89-268-2099-5 13590 (Paper Book)
           978-89-268-2100-8 18590 (e-Book)